TRAITÉ MÉTHODIQUE

DE LA CULTURE

DU PÉLARGONIUM.

TRAITÉ MÉTHODIQUE

DE LA CULTURE

DU

PÉLARGONIUM,

PRÉCÉDÉ

D'UNE INTRODUCTION HISTORIQUE,
D'UNE PETITE BIBLIOGRAPHIE SPÉCIALE,
ET D'UNE DESCRIPTION DES SERRES
PROPRES A CETTE CULTURE,

PAR

J. DE JONGHE,

Secrétaire adjoint de la Société Royale de Flore de Bruxelles,
Membre de la Société Royale d'Horticulture et de Botanique de Gand,
de Malines et de Bruges ; Membre correspondant
de la Société Royale d'Horticulture de Paris et de la Société
d'Agriculture et d'Horticulture de Châlons-sur-Saône, etc.

BRUXELLES,

J. B. TIRCHER, IMPRIMEUR-LIBRAIRE,
RUE DE L'ÉTUVE, N° 20.

1844

PRÉFACE.

Il est permis de douter qu'il ait paru précédemment un traité méthodique assez étendu sur la culture du *Pélargonium* (1). Du moins, un semblable travail n'est jamais parvenu à notre connaissance, bien que nous n'ayons épargné aucune démarche pour en trouver un. Combien le secours d'un tel ouvrage nous eût été utile et agréable ! Que de peines et d'expériences infructueuses ne nous eût-il pas épargnées ? Néanmoins, c'est en quelque sorte à l'absence de cet auxiliaire important que nous sommes redevable du soin que nous avons dû prendre pour tenir des notes très-détaillées, relativement à cette culture. Peut-

(1) *Pélargonium* vient du mot grec πιλαργος, cigogne, à cause du bec de cet oiseau qui ressemble par sa forme pointue et allongée, à la capsule à loges renfermant à sa base les graines de cette plante.

être aussi devons-nous attribuer à ce manque de secours les résultats que nous avons pu constater, au dire de plusieurs de nos amis.

D'année en année, ces notes sont devenues plus nombreuses. Toutes celles qui concernaient une manipulation semblable ont été réunies et groupées les unes à la suite des autres, dans l'ordre naturel des différents soins à donner au *Pélargonium*, pendant toute une année. Ensuite, nous avons communiqué nos observations à un ami d'une grande expérience et au fait de plusieurs cultures de plantes. Cet ami a reconnu l'exactitude de nos procédés, et il a approuvé l'ordre dans lequel nous les avions présentés. C'est à ses pressantes sollicitations et à celles de plusieurs de nos correspondants, que nous cédons aujourd'hui en livrant à l'impression le fruit de nos observations. Nous voulions en remettre la publication à l'année prochaine, dans la persuasion de pouvoir y ajouter quelques remarques nouvelles qui pussent compléter notre travail et intéresser davantage. Cependant, comme on ne se sent pas toujours disposé à s'occuper de ces sortes de sujets, nous avons voulu profiter, pour rédiger cet opuscule, des moments de loisir que nous laissent les longues soirées d'hiver. Nous le livrons avec confiance aux hommes de pratique, et nous espérons que les amateurs, peu initiés encore à la culture du *Pélargonium*, nous sauront gré de leur avoir fourni des indications précises.

Nous faisons précéder notre Essai de culture d'une courte Introduction consacrée à l'histoire du *Pélargonium,* et d'une petite Bibliographie spéciale de cette plante. Un troisième chapitre préalable, destiné à faire connaître les différentes dimensions des serres les plus convenables à la culture du *Pélargonium,* nous a paru nécessaire pour l'intelligence des observations dont le développement fait l'objet de ce Traité.

Après avoir donné les indications relatives à la culture, nous avons formulé les règles suivant lesquelles un *Pélargonium* nouveau peut être apprécié, avant d'être admis dans une collection de sujets de premier choix.

Nous exposons ensuite la manière de chauffer les serres destinées à contenir, pendant l'hiver, les différentes collections de *Pélargonium.* Nous indiquons en même temps, le mode de chauffage auquel nous croyons pouvoir donner la préférence.

Nous récapitulons enfin les principaux points qui ont été traités dans cette Monographie.

Il nous reste encore à prévenir le lecteur que, loin d'avoir eu la prétention d'écrire un opuscule rigoureusement scientifique, nous avons au contraire eu soin d'éviter, autant que possible, l'emploi de toutes les expressions et de tous les termes qui ne sont pas assez généralement usités. Nous voulions avant tout, être compris par les amateurs novices auxquels nous adressons surtout notre Traité.

Si nous avons inséré, dans l'Introduction historique, le tableau du classement des différentes espèces de *Pélargonium*, tel qu'il a été fixé par les savants de Candolle et Lindley, c'est que ce tableau, qui existe en anglais et en allemand, ne se rencontre pas dans les ouvrages français. Le lecteur comprendra facilement que l'on peut avoir besoin d'y recourir, soit pour reconnaître les caractères des types anciens, d'où nous viennent toutes ces belles variétés, soit pour y comparer des espèces prétendûment nouvelles que l'on voudrait introduire par la suite.

Bruxelles, le 5 avril 1844.

CHAPITRE PREMIER.

Introduction Historique.

§ 1.

DU PÉLARGONIUM ET DU GÉRANIUM EN GÉNÉRAL.

La plupart des amateurs-fleuristes et même des jardiniers confondent assez souvent le *Géranium* (1) avec le *Pélargonium*. Cependant il y a une distinction à faire entre ces deux genres de plantes. En effet, il existe bien une certaine analogie entre elles, mais les différences de forme et de structure ne sont pas moins saillantes que les points de ressemblance. Aussi de savants botanistes ont-ils cru devoir en faire deux genres distincts. Ils ont même établi, dans la famille des géraniacées, un troisième et un quatrième genre de deux sortes de plantes qui ont également de la ressemblance, sous différents rapports, avec

(1) *Géranium,* du mot grec γερανος, grue, à cause de la ressemblance qu'a la capsule élevée renfermant les graines, avec la tête de l'oiseau qui porte ce nom.

quelques espèces du genre *Géranium* et du genre *Pélargonium :* ce sont l'*Érodium* (1) et le *Monsonia* (2).

D'après le système sexuel de Linnée (3), l'*Érodium* appartient à la Monadelphie pentandrie, qui présente cinq étamines réunies par leurs filets à un seul corps, à la base de l'ovaire et s'élevant autour du pistil. Le *Pélargonium* se rapporte à la Monadelphie heptandrie (sept étamines placées de la même manière), le *Géranium* et le *Monsonia* à la Monadelphie décandrie (dix étamines).

§ 2.

DU GÉRANIUM EN PARTICULIER.

Dans tous les pays de l'Europe, on trouve le *Géranium* à l'état sauvage. Quelques espèces ont de fortes racines traçantes ou pivotantes, sui-

(1) *Érodium*, de Ερωδιος, héron ; l'enveloppe des graines ressemble à la tête et à la poitrine de cet oiseau.

(2) *Monsonia*, A la mémoire de Mme *Monson*, renommée par ses connaissances dans la botanique. Elle résida plusieurs années dans les Indes orientales, et l'on dit qu'elle aida M. *Lee* à rédiger son discours d'Introduction à la botanique.

(3) Linnée est né en 1707 à Rashut, petit village de Suède. Fils d'un pasteur protestant, il fit ses humanités au collége de *Lund* et étudia la médecine à l'université d'Upsal. Reçu docteur à l'université de Harderwyck en Hollande, il y lia connaissance avec les célèbres botanistes et médecins *Van Royen*, *Boerhave* et *Jean Bur-*

vant le sol où elles se trouvent ; celles-ci sont tubéreuses ou acaules et perdent leur verdure pendant l'hiver. D'autres sont pérennes, vivaces ou perpétuelles, pourvu qu'on les abrite, pendant l'hiver ; d'autres ne sont qu'annuelles et se propagent par la graine qui tombe à côté de la plante, ou est emportée par les vents pour se reproduire dans un autre endroit.

On rencontre de ces Géranium dans les bois et sur les monticules (*G. Silvaticum — Sanguineum — Lucidum — Montanum*); dans les champs (*G. Campestre*), et dans les prairies (*Pratense*).

Ces derniers surtout contribuent chaque année, en mai et en juin, à émailler, par leurs jolies corolles roses, blanches, vermillonnées et purpurines, les tapis verts de nos belles campagnes.

Quant aux premières, on en a conservé plu-

mann. Nommé directeur du jardin du riche banquier *Cliffort,* il passa deux années en Hollande et y publia les ouvrages suivants :

Systema naturæ, in-fol., 1735.

Fundamenta botanica, in-12, 1736.

Genera plantarum, in-8°, 1737.

Hortus Cliffortensis, in-fol., 1737, etc., etc.

Linnée visita l'Angleterre et la France (1738), où il fit connaissance avec Ant. et Bern. *de Jussieu.* Enfin, il retourna dans sa patrie, se fixa à Stockholm et s'y maria. Il fut anobli et nommé professeur de botanique, forma un grand nombre d'élèves distingués, et mourut à l'âge de 70 ans, à la suite d'une attaque d'apoplexie.

sieurs dans les collections des jardins botaniques et dans celles d'un petit nombre d'amateurs zélés.

Ces collections se sont successivement enrichies par des espèces-types plus remarquables, rapportées des îles de la Méditerranée, des côtes d'Afrique et d'autres pays éloignés.

Dioscoride, chez les Grecs, nous a conservé les noms de deux *Géranium ;* Pline en cite trois, et le célèbre Bauhin, qui a écrit au commencement du 16e siècle, en cite également trois, savoir : 1° celui à feuilles d'*Anémone ;* 2° celui qui a des feuilles de *Mauve* et 3° l'espèce à feuilles de *Myrte.*

Menzelius ajoute à ces trois espèces une quatrième, celle qui croît parmi les pierres et le long des murs. Rembert *Dodoens* (1) (Dodonée), notre savant compatriote, qui a écrit vers le milieu du 16e siècle, nous a conservé la description et les dessins de plusieurs *Géranium.* Il a divisé les es-

(1) *Dodoens*, né à Malines, en 1528. Son premier ouvrage écrit en flamand, fut imprimé à Anvers en 1554, grand in-4°, sous le titre de *Herbier.* Cette édition, devenue très-rare, se trouve à la Bibliothèque royale de Bruxelles, sous le n° 6189 du catalogue, page 439.

Avant cette époque, un ouvrage écrit également en flamand, avait paru à Anvers en 1514, in-4°, sous le titre de : *Grand Herbier* (*Groote Herbarius geprent by Claes de Graeve*).

Un second ouvrage de ce genre fut imprimé en langue flamande à Bâle en Suisse, en 1540, sous le même titre ;

pèces, connues de son temps, en huit classes : la première comprend les plantes à racines tubéreuses (*G. Tuberosum – Bulbosum—Nodosum*). Ces sortes viennent, dit-il, spontanément dans les contrées de la Turquie d'Europe.

La seconde, au pied de pigeon, à cause de la ressemblance qu'ont les racines de cette plante avec les doigts de pied élargis des pigeons, quand ceux-ci marchent à terre (*Ger. Columbinum*). On trouvait cette plante, du temps de *Dodoens,* aux environs de Montpellier et dans plusieurs localités de la Belgique. La troisième, à racines rougeâtres (*Ger. Roberti* ou *Robertianum*). Il croît parmi les ruines, dans les pierres et le long des murs, etc.

La quatrième, à racines rampantes et à feuilles pendantes (*Ger. Supinum*). On le trouve fréquemment en Belgique dans les terrains sablonneux,

c'était l'*Herbier* de Léonard *Fuchs,* qui avait probablement été traduit dans les Flandres.

La seconde édition des *OEuvres* de *Dodoens* fut imprimée in-fol. en latin, à Anvers, en 1582.

Josse Van Ravelingen, de cette ville, en fit une traduction flamande qui parut in-fol., à Leyde, en 1618, et à Anvers chez *Moretus,* en 1644.

Cette édition, illustrée de jolies gravures sur bois, contient des additions précieuses tirées des ouvrages plus récents de l'Écluse et de Lobel. C'est l'édition la plus recherchée par les connaisseurs, et l'un des plus beaux monuments de notre langue flamande.

le long des chemins et sur les pentes des fossés.

La cinquième et la sixième, à pieds de coq (*Ger. Batrachoïdes flore pullo et alterum minus*).

La septième classe, à cou de grue (*Ger. Gruinale*), à fleurs d'un pâle bleu.

Enfin, la huitième, à racines rougeâtres (*Ger. Montanum*). Il est à remarquer que notre célèbre botaniste a établi toutes ces distinctions sur les formes des racines; aussi a-t-il le plus grand soin de faire représenter les plantes avec toutes leurs racines.

Ces espèces de *Géranium*, dit *Dodoens*, appartiennent à l'Europe et sont cultivées en pleine terre. Elles perdent leur verdure pendant l'hiver, mais n'exigent qu'un abri léger pour résister dans notre climat aux plus fortes gelées.

Abraham *Munting* (1), professeur de médecine et de botanique à l'université de Groningue, acquit par ses voyages en Allemagne, en Suisse et dans les parties méridionales de l'Europe, des connaissances étendues sur les plantes cultivées de son temps.

Il nous a conservé les noms de 22 espèces et variétés de *Géranium*; nous les insérons ici

(1) Munting, né en 1626 à Groningue, fut nommé professeur de botanique en 1672, en remplacement de son père qui avait organisé le jardin des plantes de cette ville. Il mourut en 1682. Ses ouvrages, écrits en flamand, furent publiés en 1696, in-fol., et illustrés de 150 belles gravures sur acier.

pour faire connaître les acquisitions que l'on avait faites depuis *Dodoens*, dans un laps de temps de cent ans à peu près; voici ces noms :

1° *Geranium aconitifolium, flore cœruleo,* à feuilles d'aconit et à fleurs bleues.
2° Idem, *flore variegato,* à fleurs panachées.
3° *Geranium virginianum, flore rubro striato,* à fleurs rouges striées.
4° — *Tuberosum, flore rubro*, tubéreux et à fleurs rouges.
5° — *Batrachoïdes, floro rubro,* variété à pied de coq et aux fleurs rouges.
6° — *Batrachoïdes, folio saniculæ*, à feuilles de *sanicle.*
7° — — *Flore violaceo,* à fleurs violettes.
8° — *Fuscum, foliis punctis et flore purpureo,* fleurs pourprées.
9° — *Nodosum,* à nœuds.
10° — *Sanguineum, maximo flore*, à fleur grande et d'un rouge de sang.
11° — *Indicum nocte odoratum majus, flore variegato*. Gér. de l'Inde, grande espèce, à fleurs odorantes la nuit.
12° — *Medium,* espèce moyenne.
13° — *Minus,* petite espèce.
14° — *Indicum non odoratum foliis dissectis,* peu odorant et à feuilles incisées.
15° — *Saxatile,* croissant dans les rochers.
16° — *Malvaticum,* à feuilles de mauve.
17° — — *Odoratum indicum*, à feuilles de mauve, de l'Inde, odorante.

18° *Geranium indicum tenuifolium*, de l'Inde, à petites feuilles.

19° — *Creticum annuum*, de l'île de Crète, plante annuelle.

20° — *Moschatum*, dont les feuilles sentent le musc.

21° — *Robertianum*, nous l'avons vu plus haut.

22° — *Columbinum* ou *Pes columbinus*, idem.

L'auteur dit qu'il en existait encore quelques autres, mais il ne les cite pas. Il fait observer que les dix premières espèces sont pérennes, et que les trois suivantes plus délicates, doivent être rentrées dans une orangerie à l'approche des gelées. Les autres espèces ne sont pas accompagnées d'indications semblables.

Munting, étant professeur de médecine, fut plus occupé, suivant la mode de cette époque, de décrire la vertu médicale des plantes que d'en déterminer les caractères par une description exacte.

Jean Burmann, dont les écrits furent publiés à Amsterdam, en 1738-1739, fit connaître un grand nombre de *Géranium* et de *Pélargonium* nouveaux de l'Afrique, inconnus avant lui. Il est le premier qui ait partagé la famille des *Géranium* en deux classes, dont l'une embrassait les espèces à fleurs régulières et l'autre celles qui ont des fleurs irrégulières. Son fils N. Laur. Burmann soutint cette opinion, dans une thèse, à l'université de Leyde, au mois d'août 1759, pour le grade de docteur en médecine. Cette thèse porte le titre de *Specimen Botanicum de Geraniis*.

Ce classement fut adopté plus tard par l'abbé

Cavanilles ; mais l'Héritier et d'autres botanistes qui se sont occupés plus spécialement de l'étude des individus appartenant à la famille des Géraniacées, préfèrent d'établir des genres distincts. Avant de parler de ceux-ci plus en détail, disons encore quelques mots de deux autres auteurs dont les ouvrages ont été publiés avant cette époque.

Philippe Miller nous a conservé dans son Dictionnaire des jardiniers, d'après une édition de cet ouvrage, publiée à Leyde en 1745, un nombre de 40 *Géranium*. Nous ne les insérerons pas ici, parce que l'ouvrage de Miller étant très-répandu, il sera facile de le consulter. Il indique les espèces qui sont pérennes et robustes, puis celles qui perdent leurs feuilles et repoussent de nouveau au printemps. Ensuite, il cite les espèces annuelles et celles qui doivent se reproduire par graines.

Les plantes vivaces, dit Miller, proviennent toutes d'Afrique et veulent un abri pendant l'hiver.

Il donne aussi les noms de deux espèces tubéreuses, de deux bisannuelles et d'une annuelle.

Miller ajoute qu'à cette époque, il y a environ cent ans, il existait déjà en Angleterre un grand nombre de variétés de *Géranium* obtenues de semis. Il n'a pas cru, dit-il, devoir les citer.

L'Histoire universelle du règne végétal par Buc'hoz, publiée à Paris en 1778 (tome IX du Discours *, page 78-97), renferme les noms de 67

* C'est par ce second titre qui paraîtra si singulier, que l'auteur désigne lui-même chaque partie de son ouvrage, qui, au fond, n'est qu'un dictionnaire de botanique.

Géranium. Chaque nom écrit en latin et en français, est accompagné de détails curieux. M. Buc'hoz était en position de pouvoir donner des indications plus exactes que ses devanciers, et il l'a fait. L'article en 20 pages in-fol. que l'auteur a consacré au *Géranium*, sera consulté avec fruit par ceux qui veulent avoir des notions étendues sur cet intéressant arbrisseau. Ce long article prouve aussi le grand intérêt que cette plante inspirait déjà à cette époque.

Le savant abbé Ant. Jos. Cavanilles publia une Monographie des *Géranium*. Cette Monographie est renfermée dans ses œuvres portant le titre : *Monadelphiæ Classis dissertationes*, et fut imprimée à Madrid en 1787 et à Paris en 1790. Les autres ouvrages de ce botaniste ont été publiés à Madrid, de 1791 à 1800.

Dans sa Monographie des *Géranium*, Cavanilles a réuni, sous le même nom générique, 128 espèces qui font l'objet d'une de ses dissertations. Il les partage en deux divisions, de la même manière que le fait Burmann, et les subdivise en plusieurs parties pour faciliter l'étude de ce genre.

Voici le modèle de ce tableau :

TABLEAU ANALYTIQUE DES GÉRANIUM.

Première division. — Corolles régulières ; cinq glandes alternes avec les onglets des pétales.

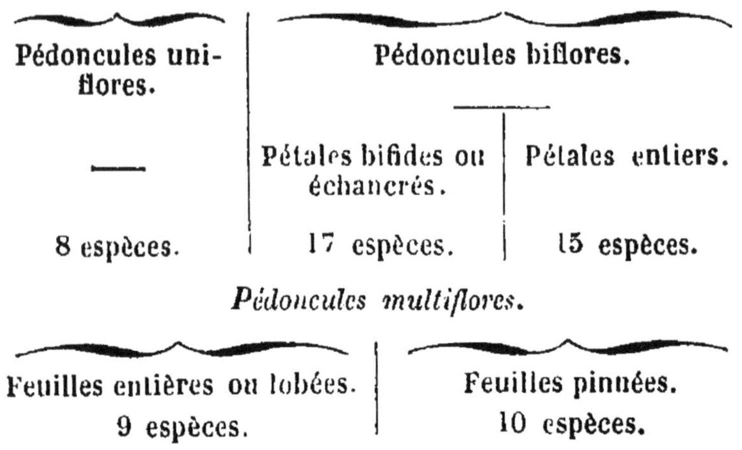

Pédoncules uniflores.	Pédoncules biflores.	
—	Pétales bifides ou échancrés.	Pétales entiers.
8 espèces.	17 espèces.	15 espèces.

Pédoncules multiflores.

Feuilles entières ou lobées.	Feuilles pinnées.
9 espèces.	10 espèces.

2° Division. — Corolles irrégulières ; un tuyau particulier prolongé dans l'intérieur du pédoncule.

Feuilles tachées d'une bande circulaire.	Feuilles non tachées.		
	Feuilles entières ou presque entières.	Feuilles lobées ou ternées.	Feuilles pinnées.
7 espèces.	17 espèces.	29 espèces.	19 espèces.

Chaque espèce de *Géranium*, imprimée à la suite de ce tableau, est accompagnée d'une description plus intéressante encore sous certains rapports, que celle qu'a donnée Buc'hoz.

La Dissertation de Cavanilles a été insérée par Lamark dans le Dictionnaire encyclopédique, tome II, 2e partie, Botanique, 26e livraison, pages 647-688, in-4o, Paris, 1804. Cet article, bien que fort compliqué, offre le plus vif intérêt et mérite d'être lu en entier par les amateurs qui sont à même de consulter cet ouvrage.

Ch. L. l'Héritier est venu augmenter l'intérêt que l'on portait déjà au *Géranium*, par son ouvrage intitulé : *Geraniologia, seu Erodii, Pelargonii, Monsoniæ et Gielii historia, iconibus illustrata*. Cet ouvrage, publié chez Didot à Paris en 1787, in-fol., ne comprend que 44 figures dont 2 *Monsonia*, 4 *Geranium*, 6 *Erodium* et 32 *Pelargonium*. On doit regretter que ces figures ne soient point accompagnées d'un texte explicatif contenant des renseignements qui devaient vivement intéresser le lecteur, à cause de l'étude spéciale à laquelle on savait que l'Héritier s'était livré, pour avoir des notions exactes sur les espèces de *Géranium* connues à la fin du siècle dernier.

Il paraît que les notes recueillies par l'Héritier, ont passé dans les mains de M. Augustin De Candolle (1), qui en a tiré parti dans son Prodrôme.

(1) De Candolle, né à Genève en 1778, vint à Paris en 1796, étudia d'abord la médecine et s'appliqua bientôt exclusivement à la botanique. Il existe de lui à cette époque : 1o une Description de plantes grasses, et 2o la 2e édition de la *Flore Française*, par Lamark. — Nommé professeur de botanique à l'école de Montpellier, il y enseigna

Le *Hortus gandavensis,* publié en 1817 à Gand, par le jardinier en chef Mussche, ne contient que 21 noms d'espèces de *Géranium*, cultivées toutes en pleine terre. C'est ici que nous trouvons pour la première fois, le *Géranium* séparé du *Pélargonium*. La collection de ce jardin s'est accrue depuis cette époque, et nous avons eu la satisfaction de voir, au printemps de 1842, que les *Géranium* confiés à la pleine terre étaient cultivés par les soins et sous la direction de M. Donkelaar père.

Quelques jours après, vers la mi-mai, nous avons également visité les collections du Jardin des Plantes de Paris, en société de M. Audot, et nous y avons remarqué avec peine que la collection des *Géranium* était moins complète et moins bien soignée qu'au jardin de Gand.

La collection la plus nombreuse de *Géranium* que nous ayons pu rencontrer quelque part est celle qui est insérée dans l'ouvrage de M. J. C. Lou-

sa science favorite jusqu'en 1815. — Revenu à Genève, il y forma un jardin botanique et y fut nommé professeur. En 1824, il commença la publication de son *Prodromus systematis naturalis regni vegetabilis*, dont il a paru déjà 8 volumes grand in-8°. — De Candolle mourut le 9 septembre 1841.

Voyez son Éloge, par Flourens, prononcé à l'Institut de France, le 19 décembre 1842, et celui qu'a lu M. le docteur Morren, à une séance de l'Académie de médecine à Bruxelles, à peu près vers la même époque.

don (1), *Encyclopedia of Plants*, 2e édition 1836.

Cette collection comprend 45 espèces et variétés ; bien que le genre *Géranium* ne soit point l'objet spécial de notre écrit, nous les donnerons pour compléter ce travail :

Noms :		Origine :
Aconitifolium	pérenne	de la Suisse.
Angulatum	»	origine inconnue.
Anemonefolium	à abriter	de Madère.
Argenteum	»	sud de l'Europe.
Bohemicum	annuelle	de Bohême.
Canescens	à abriter	du Cap.
Carolinianum	annuelle	de Nord-Amérique.
Collinum	pérenne	de Sibérie.
Columbinum	annuelle	en Angleterre, en Belgique, etc.
Dahuricum	pérenne	de Dahure au Pérou.
Dissectum	annuelle	d'Angleterre.

(1) Loudon est mort le 14 décembre 1843, à Bayswater près de Londres. Il existe de lui au moins vingt ouvrages remarquables concernant la botanique, le jardinage, l'agriculture et autres sujets qui s'y rapportent.

Les ouvrages volumineux de cet auteur infatigable ne seront pas réimprimés de longtemps en Angleterre. Ils ne seront peut-être jamais traduits en entier dans d'autres langues. Il en coûterait plusieurs vies d'hommes intelligents et appliqués, pour en venir à bout. Nous osons ajouter ici, sans craindre d'être taxé d'exagération, que les personnes qui s'adonnent à l'étude des matières traitées

Divaricatum	annuelle	de Hongrie.
Eriostemon	pérenne	de Sibérie.
Fuscum	»	du sud de l'Europe.
Ibiricum	»	du Levant.
Incanum	à abriter	du Cap.
Lancastrense	»	d'Angleterre.
Lividum	»	de Suisse.
Longipes	pérenne	inconnu.
Lucidum	annuelle	d'Angleterre.
Maculatum	pérenne	de Nord-Amérique.
Macrorhizum	»	d'Italie.
Molle	annuelle	d'Angleterre.
Nepalense	pérenne	du Nepoul.
Nodosum	»	d'Angleterre (on le trouve dans les montagnes).
Palustre	»	d'Allemagne.
Parviflorum	»	de la terre de *Van Diemen*.

par Loudon devraient apprendre l'anglais, ne fût-ce que pour consulter les ouvrages laissés par ce savant.

Voyez l'article inséré dans le *Gardeners' Chronicle*, du 6 janvier 1844, page 7; cet article est dû, sans doute, à la plume de M. le docteur Lindley.

Voyez aussi la page consacrée à la mémoire de cet écrivain dans la *Revue Horticole*, du mois de janvier.

Nous avons traduit en flamand le premier de ces articles auquel nous avons ajouté plusieurs notes : il se trouve dans le *Vlaemsch Belgie*, du 11 février 1844, journal publié à Bruxelles depuis le 1er janvier dernier.

Phœum	pérenne	d'Angleterre.
Pilosum	»	Nouvelle-Zélande.
Pratense	»	Anglet., Belgique.
Pusillum	annuelle	Europe.
Purpureum	»	»
Pyrenaïcum	pérenne	Anglet. (montagnes).
Reflexum	»	d'Italie.
Robertianum	annuelle	Europe.
Rotundifolium	»	»
Sanguineum	pérenne	»
Sibiricum	»	de Sibérie.
Striatum	»	d'Italie.
Sylvaticum	»	d'Europe.
Tuberosum	pérenne	d'Italie.
Umbrosum	annuelle	de Hongrie.
Varium	pérenne	des Pyrénées.
Vlassovianum	»	de la Crimée.
Wallichianum	»	du Nepoul.

Il y a quelques années encore, on faisait cas en Angleterre, de certains *Géranium* de pleine terre, tels que du *Lancastrense,* et l'on cultivait beaucoup dans les plates-bandes et dans les corbeilles les *Ger. sanguineum* et l'*Anemonifolium*. Toutefois, ces espèces sont remplacées dans plusieurs jardins par des hybrides, qui sont considérées comme les perfectionnements des premières.

La variété qui nous a fait grand plaisir dans l'ouvrage de MM. Sweet et Lindley, c'est le *Géranium Nepalense*, provenant de graine apportée des montagnes du Nepoul.

Nous ne voudrions pas terminer ce paragraphe

sans ajouter quelques mots sur la culture du *Géranium* en pleine terre. Nous devons ces renseignements à l'obligeance de M. Donkelaar de Gand.

A l'exception de l'*Anemonifolium*, tous les *Géranium* tiennent en pleine terre pendant l'hiver; on a soin de couvrir celle-ci légèrement au moyen de feuilles d'arbre. On plante le *Géranium* dans une terre composée de 1/4 de terre franche légère ou de marne, 1/4 de terre glaise mêlée de 1/8 de sable et 1/8 de terreau de fumier de vache entièrement décomposé, avec 1/8 de terre de feuilles. Chaque année, au printemps, on doit avoir soin d'engraisser les plantes au moyen de deux ou trois arrosements de bouse de vache. Tous les trois ans, on déplante les *Géranium* et l'on renouvelle la terre dans laquelle ils se trouvent.

§ 3.

MONSONIA.

Le *Monsonia* appartient, comme nous l'avons dit plus haut, à la famille des Géraniacées. Les cinq espèces que nous en connaissons, viennent toutes du Cap, ce sont :

Monsonia	*speciosa,*	introduit en	1774.	Voyez l'ouvrage de Sweet.
—	*Pilosa,*	—	1778	—
—	*Lobata,*	—	1774	Bot. Magazine.
—	*Ovata,*	—	1774	L'Héritier.
—	*Spinosa,*	—	1790	—

Ces espèces sont toutes fort jolies. La culture n'en est pas difficile : elles viennent très-bien dans une terre franche-légère, mêlée d'un 1/3 de terre de feuilles et d'un 1/3 de tourbe. On multiplie le *Monsonia* par boutures, par éclats de racines et par graines, de la même manière que le *Géranium*.

§ 4.

ÉRODIUM.

Les espèces d'*Érodium* qui ont en général une structure ferme, sont d'une culture facile. Il leur faut une terre mélangée dans les proportions suivantes : 1/3 de terre franche légère ou de marne douce, 1/3 de terre de feuilles et un 1/3 de fumier de vache bien décomposé.

Le *Hortus Botanicus* de Gand renferme les noms de sept espèces, savoir :

1. *Erodium chamædryoïdes,* vivace annuelle, de l'île de Corse.
2. — *Chium,* annuelle, de l'île de Chio, de Crète, de l'Asie Mineure, du midi de l'Europe.
3. — *Cicutarium,* annuelle; cette espèce vient dans les terrains sablonneux de la Flandre orientale et occidentale, en Angleterre et dans d'autres pays de l'Europe.
4. — *Gruinum,* pl. ann., Suisse, Italie, Espagne, Crète.
5. — *Hymenodes,* pl. vivace, tiges ann., côtes de Barbarie.

6. *Erodium Incarnatum*, arbuste, du cap de Bonne-Espérance.

7. — *Mosschatum*, plante ann., Suisse, Sibérie, Brésil.

L'ouvrage cité de M. Loudon nous donne les noms de 21 espèces d'*Érodium*. Nous y trouvons, outre les espèces citées, celles dont les noms suivent :

1. — *Alpinum*, pl. herbacée ann., d'Italie.
2. — *Ciconium*, pl. ann., Europe méridionale.
3. — *Crassifolium*, pl. herbacée ann., île de Chypre.
4. — *Glandulosum*, pl. ann., Espagne.
5. — *Glaucophyllum*, pl. ann., Égypte.
6. — *Gussoni*, pl. herbacée ann., Naples.
7. — *Laciniatum*, pl. ann., Crète.
8. — *Littoreum*, pl. ann., Europe mérid.
9. — *Malacoïdes*, pl. ann. — —
10. — *Maritimum*, pl. herbacée ann., Angleterre.
11. — *Petreum*, pl. herbacée pérenne, Europe méridionale.
12. — *Reichardii*, pl. à conserver en serre, île de Minorque.
13. — *Romanum*, pl. ann., Campagne de Rome.
14. — *Serotinum*, pl. herbacée ann., Sibérie.

§ 5.

DU PÉLARGONIUM.

Les espèces types du *Pélargonium* proviennent du Cap et des contrées méridionales de l'Afrique ; quelques-unes de l'Australie, de la Nouvelle-Zélande, de Sainte-Hélène et des îles Canaries. Il est à présumer que les Portugais qui ont, les premiers, visité ces parages en 1486, nous en ont apporté vers la fin du 15e siècle, et, qu'ensuite les Hollandais, et après ceux-ci les Anglais et les Français, ont continué ces importations: celles-ci ont été les plus fréquentes vers la fin du siècle dernier. Les premières espèces de ce genre apportées en Europe, ayant de la ressemblance sous certains rapports, avec le *Géranium* proprement dit, furent classées dans cette famille.

Néanmoins, des observateurs attentifs lui reconnurent bientôt des caractères distinctifs; ils remarquèrent que le caractère général de ces espèces est d'avoir : 1° un calice à cinq divisions avec un nectaire; 2° une corolle irrégulière à cinq pétales, dont les deux supérieurs sont le plus souvent séparés des *trois inférieurs*; 3° 7 à 10 filaments dont 5 à 7 portent ordinairement des anthères; 4° 5 capsules aristées à leur sommet et allongées en pointe à leur base; 5° les arêtes contournées en spirale.

On jugea donc qu'il était nécessaire d'établir une distinction, mais comme ce genre avait un nombre trop considérable d'espèces, on en fit, pour les étudier, plusieurs subdivisions. Il était tout naturel de donner d'abord à chacune de ces sections un nom différent.

Burmann père et fils avaient déjà fait une distinction entre les fleurs régulières et irrégulières du *Géranium*. L'abbé Cavanilles comprit la nécessité d'admettre cette division, mais il crut pouvoir y suppléer en formant de grandes sections, telles que nous les avons indiquées. Cependant, l'Héritier préféra d'admettre des genres différents de ces divisions, et son exemple fut suivi par le plus grand nombre des botanistes qui ont écrit après lui et qui font autorité maintenant.

Ceux-ci ont admis que la grande division des *Géranium* d'Afrique à corolles irrégulières, devait être séparée du *Géranium* à corolles régulières. Aux plantes appartenant à cette dernière division, ils ont conservé le nom primitif de *Géranium*, et ils ont donné le nom de *Pélargonium* à la première division.

Il n'est pas difficile, comme nous l'avons dit plus haut, de reconnaître les espèces désignées sous ce nom, et une personne tout à fait étrangère à la botanique distinguerait facilement à présent le genre *Pélargonium* du genre *Géranium*, de celui d'*Érodium* et du *Monsonia*. En effet, un port tout particulier, des tiges et des rameaux le plus ordinairement arborescents, une grande irrégularité dans l'insertion et la forme des pétales, irrégularité qui détermine souvent l'avortement des étamines, en caractérisent les principales différences d'avec les trois autres espèces.

Lorsque les plantes du *Pélargonium* sont jeunes, elles ont le bois mou et toujours aqueux, des tiges ligneuses, charnues, suffrutescentes ; quelques espèces ont des racines tubéreuses et des feuilles seulement radicales, comme nous le verrons dans le tableau ci-dessous, mais nous ne nous occuperons pas de celles-ci, car la culture en est en-

3.

tièrement abandonnée, et il est même fort douteux qu'elle puisse reprendre, à cause de certaines difficultés qu'elle présente et du peu de satisfaction que la floraison donne en récompense de beaucoup de peines.

Quant au feuillage du *Pélargonium,* il est très-diversifié : il varie, depuis la forme ovale et elliptique, entière (*inquinans—elegans—Gainse's King*); ou à peine incisée (*fragrans—Garth's perfection*). jusqu'à la plus composée (*patulum—myrthifolium—denticulatum*) ; ou plutôt la plus pennaticisée (*Ternatum—amato*). Toutes ces feuilles sont couvertes d'un duvet plus ou moins tomenteux ou même soyeux, plus rarement de poils rudes et glanduleux, sécrétant une liqueur visqueuse et odorante dans certaines espèces. Nous voyons les formes des différentes feuilles décrites dans les subdivisions du tableau de Cavanilles. Nous les verrons encore mieux précisées dans la division des espèces du *Pélargonium,* faite par le docteur Lindley, dans l'ouvrage cité de feu Loudon.

Dès 1817, au mois de juin, on trouve, dans l'ouvrage précité de M. Mussche de Gand, que la distinction dont il s'agit était adoptée. Le nombre des espèces et des variétés de *pélargonium* citées, s'élève au chiffre de 80.

En 1822, et les années suivantes, MM. Sweet et Lindley publièrent à Londres, en anglais, un ouvrage très-remarquable, dont six volumes ont vu le jour. Chaque volume contient 100 dessins coloriés d'autant de *Pélargonium*, *Géranium*, *Éro-*

dium, Monsonia ; chaque dessin est accompagné d'un texte explicatif, concernant la structure de la plante, son origine, sa culture et sa multiplication.

Dans l'édition que M. Sweet a donnée de son *Hortus Britannicus* en 1839, il a porté le nombre des *Pélargonium* à 730 espèces, tant hybrides que variétés différentes.

En 1825, M. Jacques Klier, de Vienne en Autriche, fit également paraître en six volumes in-8°, sous le titre de *Beytrage zur Rob. Sweet's Geraniaceæ mit abbildungen und Beschreibungen* (de 1815 à 1826, 5 volumes, et en 1831 le 6e), un ouvrage écrit en allemand pour faire connnaître les *Pélargonium* obtenus de graines dans ce pays. Cet ouvrage, comme le titre l'indique, était destiné à faire suite à celui de M. Sweet.

En 1826, cet amateur zélé publia aussi un petit ouvrage, imprimé in-32 et de 100 pages environ, comme essai de culture des *Pélargonium.* C'est le premier ouvrage de ce genre dans lequel nous ayons rencontré des indications utiles et auxquelles on reconnaît facilement un praticien. Néanmoins, nous devons le dire aussi, les idées dans cet opuscule sont assez confuses, et il y a peu d'ordre dans la distribution des matières.

Feu Loudon, ou plutôt le Dr Lindley, dans la 2e édition de l'ouvrage que le premier a publié en 1836, divise les espèces de *Pélargonium* en 13 classes ou divisions :

La	1re	comprend	les espèces		*Hoaria*, de Sweet.
»	2e	»	»	»	*Dimacria*, Lindley.
»	3e	»	»	»	*Cynosbata*, de Candolle.
»	4e	»	»	»	*Peristera*, »
»	5e	»	»	»	*Otidia*, Lindley.
»	6e	»	»	»	*Polyactium*, de Candolle.
»	7e	»	»	»	*Isopetalum*, Sweet.
»	8e	»	»	»	*Campylia*, Lindley.
»	9e	»	»	»	*Myrrhidium*, de Candolle.
»	10e	»	»	»	*Seymouria*, Sweet.
»	11e	»	»	»	*Jenkinsonia*, »
»	12e	»	»	»	*Chorisma*, Lindley.
»	13e	»	»	»	*Pelargium*, »

et cette dernière division est subdivisée en 23 parties.

Ces différentes subdivisions et ces divers classements renferment 185 espèces, qu'il est de notre devoir d'insérer ici.

HEPTANDRIA.

§ I. Hoaria. Sweet. Ger. N. 18 et 72.

Pétales 5, rarement 2 ou 4 oblongs linéaires; 2 pétales supérieurs parallèles avec des onglets allongés, réfléchis, abruptes vers le milieu. Les étamines en forme de longs tuyaux, de la longueur des pétales inférieurs, portant 5 ou rarement 2 à 4 anthères, les autres étant stériles, roides ou courtes vers l'extrémité; les 3 inférieures plus courtes que les fécondes. La plante est herbacée, mais sans tiges, avec racines tubéreuses en forme de navets, et des feuilles aux racines pétiolées.

* Feuilles oblongues, entières ou lobées. Lobes entiers ou à peine dentés.

	Noms.	Auteurs qui en ont fait mention.	Origine.	Introduction en Europe.
P.	*Longifolium*,	Jacquin.	du Cap.	1812
»	*Longiflorum*,	»	»	»
»	*Ovalifolium*,	Sweet.	»	1820
»	*Reticulatum*,	»	»	»
»	*Ciliatum*,	L'Héritier.	»	1795
»	*Punctatum*,	Willdenow.	»	1794
»	*Radicatum*,	Ventenat.	»	1802
»	*Spatulatum*,	»	»	1795
»	*Affine*,	Andrews.	»	»
»	*Radiatum*,	Persoon.	»	1801
»	*Virginium*,	»	»	1795
»	*Undulatum*,	Aiton.	»	»
»	*Lineare*,	Persoon.	»	1800
»	*Niveum*,	Sweet.	Incertaine.	1821

* Feuilles en forme de flèches et en cœur, trilobées, ou ayant un appendice à la base.

»	*Revolutum*,	Persoon.	du Cap.	1800
»	*Auriculatum*,	Willdenow.	»	......
»	*Laciniatum*,	Persoon.	»	1800
»	*Oxalidifolium*,	»	»	1801
»	*Nervifolium*,	Jacquin.	»	1812
»	*Triphyllum*,	»	»	»
»	*Reflexum*,	Persoon.	»	1800
»	*Roseum*,	Aiton.	»	1792

* Feuilles pinnatifides; segments incisés ou multifides.

»	*Rapaceum*,	Jacquin.	»	1788
»	*Nutans*,	De Candolle.	»	»
»	*Corydalliflorum*,	Sweet.	»	1821
»	*Barbatum*,	Jacquin.	»	1790
»	*Fissifolium*,	Persoon.	»	1795
»	*Setosum*,	Sweet.	»	1821
»	*Bubonifolium*,	Persoon.	»	1800
»	*Violæflorum*,	Sweet.	»	......
»	*Floribundum*,	Aiton.	»	1795
»	*Pilosum*,	Persoon.	»	1801
»	*Penniforme*,	»	»	1800
»	*Purpurescens*,	»	»	»
»	*Hirsutum*,	Jacquin.	»	1788
»	*Melananthum*,	»	»	1790
»	*Dioïcum*,	Aiton.	»	1795
»	*Atrum*,	L'Héritier.	»	1793

§ 2. DIMACRIA. Lindley, Sweet. Ger. n° 46.

Pétales 5, inégaux, les 2 supérieurs se réunissant et se déployant au sommet. Étamines plus courtes que les sépales. 5 étamines fertiles; les 2 inférieures deux fois plus longues que les autres; la supérieure très-courte; 5 stériles, très-petites et un peu égales. Plante herbacée sans tige avec racines tubéreuses en forme de navets. Des feuilles pétiolées pinnatifides.

* Feuilles à sections impaires comme celles du pin; segments entiers.

»	*Viciæfolium,*	L'Héritier.	du Cap.	1779
»	*Astragalifolium,*	Persoon.	»	1788
»	*Coronillæfolium,*	»	»	1795
»	*Heracleifolium,*	Loddiges.	»	1818

* Feuilles à sections impaires comme celles du pin; segments lobés ou multifides... Sont-elles des *Dimacria?*

»	*Incrassatum,*	Botan. Magaz.	»	1801
»	*Carneum,*	Jacquin.	»	1812

§ 3. CYNOSBATA. De Candolle.

Pétales un peu elliptiques, presque égaux, à peu près deux fois plus longs que le calice; 10 étamines droites, 5 alternées et anthérifères; tige frutescente et droite.

»	*Lateritium,*	Willdenow.	»	1800
»	*Cynosbatifolium,*	»	Orig. incert.	

N. B. M. De Candolle range dans cette section une espèce connue sous le nom de *Malvæfolium,* qui ne figure point dans le tableau de l'ouvrage d'où nous tirons cette nomenclature.

§ 4. PERISTERA. De Candolle.

Pétales à peu près égaux, aussi ou un peu plus larges que le calice; 10 étamines, 5 plus longues à peu près égales et fertiles, mais l'une ou l'autre peut être inféconcondante. 5 alternées très-courtes, stériles et dentelées; tige herbacée offrant l'aspect de l'*Érodium* ou du *Géranium*.

P.	*Columbinum*,	Willdenow.	du Cap.	1795
»	*Procumbens*,	Persoon.	»	1801
»	*Humifusum*,	Willdenow.	»	»
»	*Chamœdrifol.*,	Jacquin.	»	1812
»	*Australe*,	Willdenow.	N.-Zél.	1792
»	*Althœoides*,	L'Héritier.	du Cap.	1724

§ 5. Otidia. Lindl. Sweet. Ger. page 8 n° 98.

Les pétales oblongs linéaires, à peu près égaux, presque deux fois plus longs que le calice; les 2 supérieurs auriculés à la base sur le côté d'en haut. 10 étamines droites, 5 anthérifères; les 2 supérieures subulées ou en forme de spatule; les 3 inférieures plus courtes; tige frutescente et charnue. Feuilles alternées, découpées comme celles du pin et charnues; fleurs blanchâtres.

»	*Laxum*,	Sweet.	du Cap.	1821
	Cette espèce ne se trouve point dans le tableau de M. de Candolle.			
»	*Ceratophyllum*,	L'Héritier.	d'Afrique.	1786
»	*Dasycaulon*,	Sims.	du Cap.	1785
»	*Crithmifolium*,	»	»	1790
»	*Alternans*,	Wendland.	»	1791
»	*Carnosum*,	Aiton.	»	1724

N. B. M. de Candolle en cite une sous le nom de *Ferulaceum*, qui ne figure pas ici.

§ 6. Polyactium. De Candolle.

Sépales à peu près égaux et contournés; 5 pétales presque égaux de forme ovale; 10 étamines;

5 fertiles ; les 4 inférieures longues et subulées ; les supérieures plus largement spatulées et recourbées au sommet ; les étamines fertiles plus courtes, recourbées à l'extrémité ; tous les pétales ont une macule d'un brun noir légèrement bordée de jaune.

P. Multiradiatum, Wendland. du Cap. 1820

§ 7. Isopetalum. Sweet. Ger. n° 126.

La section supérieure du calice se termine à la base en fovéole nectarifère et non pas en tube ; 5 pétales égaux ; 10 étamines unies dans un petit calice ; 5 à 6 fertiles s'ouvrant et se courbant à l'extrémité ; les stériles inégales, subulées et courtes. La plante a une tige charnue.

P. Cotyledonis, L'Héritier. de Ste-Hélène. 1765

§ 8. Campylia. Lindl. Sweet. Ger. n° 43 et page 8.

Cinq pétales inégaux ; les 2 supérieurs plus larges avec un onglet un peu auriculé ; 10 étamines poilues et pubescentes, 5 fertiles droites, 5 alternées stériles dont les 2 supérieures sont plus longues et courbées en hameçon. Les herbes à la base sont un peu frutescentes et branchues. Feuilles pétiolées, elliptiques ou oblongues, dentées ou légèrement coupées.

* Les pétales avec un appendice à l'onglet ; 5 étamines fertiles droites ; 5 stériles, dont les

2 supérieures recourbées en hameçon (le vrai *Campylia* de Lindley).

P.	*Blattarium,*	Jacquin.	du Cap.	1790
»	*Eriostemon,*	»	»	1794
»	*Holosericeum,*	Sweet.	»	1820
»	*OEnotheræ,*	Jacquin.	»	1812
»	*Coronopifolium,*	»	»	1791
»	*Canum,*	Persoon.	»	1820
»	*Carinatum,*	Sweet.	»	»

N. B. De Candolle ajoute ici six autres pélargonium qui ne figurent point dans la liste de *Loudon*. En voici les noms :

P.	*Dichondræfolium*,	ressemblant au *Blattarium*.
»	*Scaposum*,	Ne serait-ce point le *Tomentosum* de l'Héritier ?
»	*Trichostemon*,	A peu près le *Blattarium*.
»	*Verbasciflorum*.	C'est le *Campylia verbasciflora* de Sweet. Ger. 2e tome, 157.
»	*Coronopifolium*,	Jacquin.
»	*Capillare*,	Willdenow.

** Les pétales supérieurs marqués de verrue au-dessus de l'onglet ; les filets des étamines très-courts, 5 fertiles recourbées et s'ouvrant ; 5 stériles droites (Phymathanthus de Lindley).

»	*Tricolor,*	Botan. Magz.	du Cap.	1791

De Candolle en ajoute ici un second, sous le nom de *P. Elatum* ou *Phymatanthus elatus* de Sweet, tome 1, n° 96.

§ 9. Myrrhidium. De Candolle.

Quatre pétales ou très-rarement 5; les deux supérieurs très-larges, ovales, en forme de *coing*, ordinairement marqués de lignes branchues. Les 2 ou 3 inférieurs sont beaucoup plus étroits, et oblongs linéaires; 10 étamines à tube et à filaments roides; ordinairement de 5 anthères et 5 alternes stériles, plus rarement 7 fertiles. Plantes bisannuelles ou pérennes; quelques-unes un peu frutescentes, à tiges arrondies, feuilles pinniformes ou trifoliées, souvent multifides.

* Cinq anthères. Pétales 4.

P.	*Canariense,*	Willdenow.	des îles Can.	1802
»	*Myrrhifolium,*	Aiton.	du Cap.	1696
»	*Coriandrifolium,*	Jacquin.	»	1724

De Candolle en ajoute une quatrième et se demande si celle qu'il nomme *Bullatum* n'est pas la *Myrrhifolium?*

** Cinq anthères, pétales 5.

»	*Lacerum,*	Jacquin.	du Cap.	1731

*** Anthères 7, pétales 5.

»	*Anemonifolium,*	Jacquin.	»	
»	*Caucalifolium,*	»	»	1812
»	*Multicaule,*	»	»	1802

De Candolle en cite une quatrième sorte, sous le nom de *Longicaule,* Jacquin.

§ 10. SEYMOURIA. Sweet. Cette classe n'est pas indiquée dans le Prodrôme de de Candolle, 1er vol., page 658.

Deux pétales, distincts à la base, se replient au centre d'une manière abrupte ; 5 étamines à peu près égales sont en forme d'un long tube roide, toutes fertiles.

»	*Asarifolium,*	Sweet.	»	1821
»	*Dipetalum,*	L'Héritier.	»	1795

§ 11. JENKINSONIA. Sweet. Ger. n° 79.

Cinq pétales ; les 2 supérieurs beaucoup plus larges que les autres ; émarginés à l'extrémité ; striés ou marqués de lignes colorées ; les 3 pétales inférieurs beaucoup plus étroits ; 10 étamines s'élevant et s'ouvrant à leur extrémité, poilues à la base ; 7 fertiles, dont les 5 supérieures sont plus courtes, les 3 stériles moins longues, subulées, d'une longueur égale. Les tiges sont frutescentes, les fleurs larges sont d'un blanc jaune.

»	*Pendulum,*	Sweet.	»	
»	*Quinatum,*	Bot. Mag.	»	1793

De Candolle n'indique pas la première de ces plantes.

§ 12. CHORISMA. Lindl. Sweet. Ger. n° 79.

Quatre pétales, rarement 5. Les 2 supérieurs ayant de longs onglets, les 2 inférieurs beaucoup plus étroits. Étamines attachées ensemble au centre en un très-long tube incliné, 7 fertiles dont les 2 inférieures sont détachées ; les 3 stériles raccourcies, subulées, d'une longueur égale.

»	*Tetragonum,*	L'Héritier.	»	1774
»	*Variegatum.*			

§ 13. Pelargium. Pelargonium de Lindley. Sweet. Ger. n° 41.

Cinq pétales inégaux, les 2 supérieurs se touchent ; 10 étamines inégales dont 7 fertiles et 3 stériles, subulées.

Ire SÉRIE (de Candolle) Ciconia. * Les pétales unicolores, les 2 supérieurs plus courts et plus étroits ; les étamines courbes et droites ; les 2 inférieures très-courtes, une des anthères presque sessile. — La tige est charnue et frutescente. C'est le pelarg. Ciconium de Sweet. Ger. 1, n° 13 et page 9.

»	*Acetosum,*	Aiton.	du Cap.	1710
»	*Scandens,*	Ehrenberg.	»	1800
»	*Pumilum,*	Willdenow.	»	»
»	*Stenopetalum,*	Ehrenberg.	»	»
»	*Hybridum,*	Aiton.	»	1732
»	*Zonale,*	Willdenow.	»	1710
	V. Marginatum,	....		......
»	*Fothergellii,*	Sweet.	du Cap.	
»	*Inquinans,*	Aiton.	»	1714
»	*Heterogamum,*	L'Héritier.	»	1786
»	*Monstrum,*	Aiton.	»	1784

Hybridum (Roseum) (de Cand.), *Retinervium* (idem), *Cerinum*, Sweet.

IIe SÉRIE. ISOPETALOÏDEA (de C.) * Pétales à peu près égaux en grandeur.

ALCHIMILLOÏDEA (de C.) § A. Tige herbacée, feuilles en forme de cœur, palmées, lobées, les pétales étroits.

»	*Inodorum*,	Willd.	de Nouv.-Holl.	1796
»	*Glomeratum*,	Jacquin.	»	
	ou *Australe* de Sweet, et non de Willd.			
»	*Odoratissimum*,	Aiton.	du Cap.	1724
»	*Fragrans*,	Willdenow.	»	
»	*Grossularioïdes*,	Aiton.	»	1731
»	*Anceps*,	»	»	1788
»	*Tabulare*,	L'Héritier.	»	1775
»	*Alchimilloïdes*,	Aiton.	»	1693
»	*Senecioïdes*,	L'Héritier.	»	1775

Clavatum, *Distans*, *Parvulum* (de Candolle).

ATHAMANTOÏDEA (de C.) § B. Tige un peu herbacée, à feuilles pinniformes — lobées, multifides.

»	*Abrotanifolium*,	Jacquin.	du Cap.	1791
»	*Incisum*,	Willdenow.	»	»
»	*Tenuifolium*,	L'Héritier.	»	1768
»	*Tripartitum*,	Sweet.	»	1794
»	*Spinosum*,	Willdenow.	»	1795

Fruticosum, *Canescens*, *Artemisiæfolium*, *Ramosissimum*, *Hirtum* (de Candolle).

Gibbosa (de C.) § C. Tige un peu herbacée et charnue ; feuilles charnues trifoliées ou coupées comme celles du pin ; pétales d'un brun sale jaunâtre.

»	*Gibbosum,*	Willdenow.	»	1712
	Apifolium (de Cand.).			

Tristia (de C.) § D. A peu près sans tige ; racines à fascicules tubéreuses ; feuilles laciniées d'une manière décomposée, pétales d'un brun jaunâtre.

»	*Flavum,*	Aiton.	du Cap.	1724
»	*Filipendulifolium,*	Sweet.	»	1812
»	*Pedicillatum,*	»	»	1822
»	*Triste,*	Aiton.	»	1632
»	*Schizopetalum,*	Sweet.	»	1821
»	*Lobatum,*	Willdenow.	»	1710
»	*Millefoliatum,*	Sweet.	»	

Fulgida. (de C.) § E. Tige courte ou un peu charnue ; feuilles découpées, incisées ou dentées ; pétales rouges ou écarlates.

»	*Sanguineum,*	Wendland.	»	
»	*Fulgidum,*	Aiton.	»	1723
»	*Ignescens,*	Sweet.	»	1812

Ardens, Patens, Hoaræflorum, Cruentum, Amœnum, etc. (de Candolle).

Bicolora (de C.) § F. Tige à demi frutescente ; feuilles lobées et hérissées ; pétales ayant au milieu une large macule pourprée.

»	*Quinquevulnerum,*	Willdenow.	»	1796
»	*Bicolor,*	Aiton.	»	1778

Imbricatum, Obscurum, Ornatum (de Cand.).

Cortusina (de C.) § G. Tige charnue à demi frutescente; feuilles oblongues ou plus souvent en forme de cœur; un peu incisées; les stipules lancéolées, aiguës et ouvertes; racines tubéreuses et fasciculées.

N. B. De Candolle ajoute ici : Étamines 7, 6, plus rarement 5, et de là une certaine affinité avec l'*Otidie* et l'*Isopétale*.

»	*Pallens,*	Sweet.	du Cap.	
»	*Pulchellum,*	Bot. Mag.	»	1795
»	*Pictum,*	Persoon.	»	1800
»	*Echinatum,*	Bot. M.	»	1789
»	*Crassicaule,*	L'Héritier.	de l'Afriq.	1786
»	*Primulinum,*	Sweet.	du Cap.	1791
»	*Cortusæfolium,*	L'Héritier.	Afriq.	1786
»	*Reniforme,*	Bot. Mag.	du Cap.	1791

Particeps, Sweet; *Sæpeflorens,* Sweet (de Candolle).

Pinguifolia (de C.) § H. Tige charnue et frutescente; le plus souvent en cœur ou peltée, 5 lobes charnus. Le tube nectarifère est de la longueur de la tige; stipules larges et ovales.

»	*Lateripes,*	L'Héritier.	»	1787
»	*Peltatum,*	Aiton.	»	1701

Pinguifolium, Sweet; *Walneri, Albomarginatum, Scutatum* (de Candolle).

IIIe SÉRIE. PLATYPETALA. *** Les deux pétales supérieurs plus larges, plus courts et obtus.

»	*Ovale,*	L'Héritier.	»	1774
»	*Elegans,*	Willdenow.	»	1795

IVe SÉRIE. ANISOPETALA. **** Les deux pétales supérieurs plus longs et plus larges; tiges frutescentes.

1. GLAUCESCENTIA. § A. Les feuilles lisses ou à peu près, plus ou moins azurées.

1° Les pétales blancs ; les 2 supérieurs ordinairement marqués de rouge ou maculés.

»	*Glaucum,*	L'Héritier.	»	1775
»	*Diversifolium,*	Wendland.	»	1794
»	*Cuspidatum,*	Willdenow.	»	
»	*Sororium,*	»	....	
»	*Lævigatum,*	»	du Cap.	
»	*Grandiflorum,*	»	»	1794
»	*Variegatum,*	»	»	1812

Oxyphyllum (l'Héritier, Herb. et Ger. inédit). *Albiflorum, Curtisianum, Collæ, Belliardii* (de Candolle).

2° Les pétales rosés ou violacés; les supérieurs souvent striés de pourpre.

»	*Patulum,*	Jacquin.	du Cap.	1812
»	*Saniculæfolium,*	Willdenow.	»	1806
»	*Fuscatum,*	Jacquin.	»	1812

Hepaticifolium (Sprengel), *Nobile, Barnardinum, Opulifolium, Beaufortianum, Ghilini, Grimaldiæ* (de Candolle).

2. Lineata. § B. Fleurs blanches ou à peine colorées de rose ; les pétales supérieurs d'un rouge foncé et lignés ; feuilles ovales, en forme de cœur ou de rognon, dentées et non divisées.

»	*Penicillatum,*	Willdenow.	»	1794
»	*Betulinum,*	Aiton.	»	1759
»	*Formosissimum,*	Persoon.	»	

Boyleæ (Sweet), *Lineatum* (Sweet), *Dumosum* (Sweet) (de Candolle).

3. Tomentosa. § C. Pétales blancs, étroits ; feuilles en cœur, couvertes d'un léger duvet, stipules s'ouvrant largement.

»	*Tomentosum,*	Jacquin.	»	1790
»	*Ribifolium,*	»	»	1798

4. Papilionacea. § D. Feuilles en cœur, planes, dentées ; pétales inférieurs linéaires, les supérieurs linéés et purpurescents.

»	*Papilionaceum,*	Aiton.	»	1724
»	*Cordatum,*	»	»	1774
»	*Rubrocinctum,*	Link.	»	»
»	*Conduplicatum,*	Willdenow.	»	1774

Eriophyllum (Sweet) (de Candolle).

5. Purpurascentia. § E. Feuilles en cœur ou en *coing,* dentées, incisées ou un peu lobées, les lobes obtus jusqu'au centre et non divisés. Fleurs purpurescentes ; pétales inférieurs oblongs ou elliptiques.

1° Feuilles non divisées en forme de capuchon.

»	*Cucullatum,*	Aiton.	»	1690
»	*Speciosum,*	Willdenow.	»	1794
»	*Cochleatum,*	»		
»	*Acerifolium,*	L'Héritier.	»	1784
»	*Angulosum,*	Aiton.	»	1724
»	*Barringtonii,*	Willdenow.	»	
»	*Watsoni,*	Link.		

N. B. De Candolle en ajoute ici plusieurs qui ne figurent pas dans cette liste.

2° Feuilles lobées ou un peu aplaties.

»	*Adulterinum,*	L'Héritier.	»	1785
»	*Semitrilobum,*	Jacquin.	»	1800
»	*Vitifolium,*	Aiton.	»	1724
»	*Capitatum,*	»	»	1690
»	*Rubens,*	Willdenow.		

N. B. De Candolle cite encore les plantes suivantes : *Breesianum* (Sweet 64), *Pulcherrimum* (Sweet 134), *Rigidum* (Willdenow 681), *Obtusifolium* (Sweet), *Seymouriæ* (Sweet), *Atropurpureum* (Sweet), etc.

6. Crispa. Feuilles lobées, lobes dentés d'une manière aiguë à l'extrémité.

»	*Obtusifolium,*	Aiton.		
»	*Tricuspidatum,*	L'Héritier.	du Cap.	1780
»	*Scabrum,*	Aiton.	»	1775
»	*Hermannifolium,*	Jacquin.	»	
»	*Crispum,*	Aiton.	»	1774

»	*Exstipulatum,*	Aiton.	du Cap.	1779
»	*Pustulosum,*	»	»	1820
»	*Pallidum,*	Willdenow.	»	
»	*Ternatum,*	Jacquin.	»	1820

De Candolle en décrit plusieurs qui ne figurent pas dans cette section. Ce sont les *Comptoniœ* de Sweet, 122, *Scarboroviœ* du même 117, *Lamberti* et plusieurs autres qui sont évidemment des variétés nouvelles et non des espèces distinctes par un caractère tout particulier.

7. Radulae. § F. Feuilles divisées au delà du centre ; lobes dentés, coupés ou pinnifides. Fleurs pâles ou purpurescentes.

»	*Quercifolium,*	Aiton.	du Cap.	1774
»	*Graveolens,*	»	»	»
»	*Glutinosum,*	»	»	1777
»	*Hispidum,*	Willdenow.	»	1790
»	*Radula,*	Aiton.	»	1774
»	*Asperum,*	Willdenow.	»	1795
»	*Balsameum,*	Jacquin.	»	1790
»	*Denticulatum,*	Jacquin.	»	1789
»	*Delphinifolium,*	Willdenow.	»	

ESPÈCES OU VARIÉTÉS INCERTAINES.

»	*Discipes,*	Haworth.	d'Afrique.	1808
»	*Spurium,*	Willdenow.		
»	*Gratum,*	»		
»	*Consanguineum,*	»		

»	*Wildenovii,*	Link.	du Cap.
»	*Unicolorum,*	Willdenow.	»
»	*Amplissimum,*	»	
»	*Nothum,*		

Enfin, de Candolle en cite une trentaine, dont l'origine n'est pas suffisamment connue ; ce sont des espèces de *Pélargonium* sans tiges, à rapporter à l'*Hoarea* ou à la *Dimacria;* des herbacées charnues ou frutescentes.

Une collection de 179 espèces et variétés nouvelles obtenues de graines, figure à la suite de cette nomenclature. Il serait superflu de les annoter ici, car le nombre de ces sortes de variétés, si on voulait les citer toutes, s'élèverait peut-être à plusieurs milliers ; ce serait par trop fastidieux pour le lecteur. Depuis cette époque et même quelques années auparavant, on s'est appliqué à féconder le *Pélargonium* et à semer les graines avec un soin tout particulier. De cette manière, les variétés nouvelles ont successivement pris la place des *types anciens* (1), qui ont disparu presque entièrement des collections. Il est même devenu à présent fort difficile de reconnaître dans une

(1) Les seules collections où nous ayons rencontré quelques-unes de ces espèces anciennes, se trouvent à l'établissement de M. Vandermaelen à Bruxelles et dans les serres de M. Madisson à Wondelgem, près de Gand. Ce dernier établissement n'existe plus depuis 6 ans.

dixième, quinzième et peut-être une trentième génération, les caractères des anciennes espèces.

En Belgique, il y a eu des amateurs zélés qui ont été assez heureux pour obtenir des variétés nouvelles. Il y a vingt ans que l'on citait le nom de Van den Berghe, jardinier au château de M. le baron Dubois à Nevele (Fl. or.). M. Paridant père, à Bruxelles, s'en occupait également, et nous avons vu, il y a quelques années, de bonnes variétés provenant de ces semis. Ces variétés n'ayant figuré que dans les catalogues des jardiniers de cette époque, qui s'abstenaient de citer les noms des semeurs, on n'en a conservé pour ainsi dire, aucun autre souvenir, et dans peu de temps, on les aura tout à fait oubliées.

Klier a acquis en Allemagne une grande réputation par ses soins pour obtenir quelques succès, et il y a même un certain nombre de ces semis qui sont venus jusqu'à nous.

Lemon père et fils, et Mathieu à Belleville près de Paris, ont également acquis de la renommée par ces sortes de productions ; cependant, les variétés nouvelles que ces deux jardiniers ont mises dans le commerce, sont presque toutes oubliées aujourd'hui.

Al. Chauvière à Paris, s'occupe aussi, depuis quelques années, de semer les graines de *Pélargonium,* mais nous ne connaissons guère de lui de nouveautés vraiment remarquables et qui résistent à la critique. Cependant nous savons que cet horticulteur zélé s'y applique avec une persévérance qui mérite des éloges, et nous n'en doutons point, il obtiendra tôt ou tard un succès plus heureux de ses soins continus.

Il existe de Chauvière un Traité sur la culture du *Géranium*. Cet opuscule, publié chez Cousin à Paris, en 1842, est dû, dit-on, à la plume de M. Lemaire, rédacteur en chef de l'Horticulteur universel, etc., etc. M. Lemaire écrit d'une manière fort agréable, mais nous ne pensons pas que les indications qu'il donne sur la culture du *Pélargonium* puissent être fort utiles aux amateurs novices, auxquels il adresse ce traité.

C'est en Angleterre, dans les environs de Londres, que plusieurs jardiniers, guidés par des hommes instruits et par des amateurs distingués, s'occupent activement de la fécondation du *Pélargonium*. On cite parmi ces jardiniers : MM. Lyn, Wilson, Basket, Gains, Catleugh, Lumsden, Russel, Denis, Eyere, Hodge, Bennett, Stewart et autres ; parmi les amateurs les plus distingués : M. le rév. Garth de Farenham et le chev. Forster, de Clewer-Lodge près de Windsor.

Ce goût de semer s'est même répandu dans plusieurs localités d'Angleterre, surtout autour des grandes villes, où les amateurs et les jardiniers montrent la plus grande persévérance dans la continuation de leurs essais. Depuis dix ans, ceux-ci ont mis dans le commerce, parmi un grand nombre de variétés nouvelles fort médiocres, des *Pélargonium* d'une grande beauté, dont nous avons pu tirer parti pour nos fécondations artificielles, destinées à donner des variétés plus parfaites.

Chaque année, les amateurs-fleuristes et les jardiniers anglais viennent, avec leurs productions nouvelles, de toutes les parties du Royaume-Uni, aux expositions de Chiswick et de Regents-Parc, où l'on accorde des prix élevés aux différentes spécialités. Si les nouveaux semis sont couronnés, ou s'ils sont jugés d'une manière avantageuse, ils sont bientôt en faveur. Les premiers horticulteurs de Londres en font l'acquisition et les présentent au commerce. De cette manière, les nouveautés généralement demandées sont vendues à des prix très-élevés.

Dans l'intervalle de ces expositions, une commission, composée de plusieurs membres qui appartiennent à la Société d'Horticulture, juge ces productions dans son local *Regents-Street,* n° 21, à Londres. Chaque semaine et assez souvent deux fois par semaine, ces membres se réunissent pour porter leurs décisions. Le secrétaire de la Société, M. Lindley, fait connaître l'opinion de la commission aux intéressés, par la voie du *Gardeners' Chronicle* qui paraît tous les samedis. Les décisions de cette commission, formulées de cette manière, jouissent d'une grande autorité.

CHAPITRE II.

Indications bibliographiques

sur les auteurs qui ont traité spécialement du Géranium et du Pélargonium.

De tous les auteurs anciens qui ont écrit sur les plantes, aucun n'a omis de parler du *Géranium*. Théophraste et Dioscoride, chez les Grecs, en citent deux, sous le nomde *Pelonitis* et de *Geranogeron*. Le premier en parle dans son ouvrage en sept livres, où il traite des vertus médicales des plantes. Pline en mentionne trois, dont un sous le nom de *Gruinalis*, dans sa fameuse *Histoire naturelle*, div isée en 37 livres.

Jean Bau hin, d'Amiens, qui vivait au commencement du 16e siècle, en cite également trois (voyez son ouvrage *De Plantis*) : la première espèce, dit-il, a des feuilles d'anémone, la seconde des feuilles de mauve et la troisième des feuilles de myrte. Il est bon de noter ici que cette première distinction a été établie sur la forme du feuillage des *Géranium*.

Le savant Mentzel y ajoute une quatrième espèce, celle qui croît parmi les pierres.

Voyez aussi Ruellius, *de Naturâ stirpium*, Basileæ, 1537; Fuchs, *de Historiâ stirpium, iconibus illustratâ,* Basileæ, 1542; *Nieuwen Herbarius,* van Léonard Fuchs, Basel, 1543; cet ouvrage indique, au chap. 76, six espèces de *Géranium; l'Herbier* de Rembert Dodoens (Dodonée), écrit en flamand et publié à Anvers en 1554, en indique également six, mais, dans l'édition latine de ses ouvrages publiée en 1582, les *Géranium* sont divisés en huit classes, d'après les différentes formes des racines. Cet herbier considérablement augmenté et enrichi de nouvelles recherches par l'Écluse, né à Lille en 1526, et par Mathieu Lobel, né à Arras, en 1538, a été traduit en flamand, en 1616 et imprimé à Anvers, chez Moretus, en 1644, en un grand in-fol., de plus de 1,500 pages.

Dans le texte et à chaque page on trouve un grand nombre de planches représentant les plantes décrites dans cet ouvrage. On y voit figurer 8 *Géranium* différents (pages 80 à 85). Toutes ces espèces y sont dessinées avec la forme de leurs racines. Nous avons déjà dit que Dodonée les avait distinguées par cette forme particulière.

Nous avons vu aussi, dans l'introduction historique, d'autres classements ayant pour base le nombre et la régularité ou l'irrégularité des corolles, le nombre des étamines, la forme du pistil, etc. Munting, qui a écrit un siècle après Dodonée, cite 62 *Géranium;* Boerhave en mentionne 68, et Tournefort, dans ses *Institutiones rei herbariæ,* publiées vers la fin du 17e siècle, en porte le nombre à 82.

J. W. Weinmann publia de 1736 à 1748, à Amsterdam, un ouvrage sur les plantes, en 8 gros volumes in-folio; ce grand travail, rédigé en flamand, est illustré de 1,025 planches gravées sur cuivre. L'auteur dit, à la page 26 du 3e volume, que « les espèces de *Géranium* étaient à cette époque « déjà tellement nombreuses et les différences « entre elles si visibles, qu'il serait difficile d'en « donner une description générale et exacte. » Il ajoute un peu plus loin, qu'il y a des *Géranium* à fleurs régulières et à fleurs irrégulières. Cette opinion avait été mise en avant et défendue par Jean Burmann dans ses *Décades*. Son fils soutint cette thèse sous le titre de *Specimen botanicum de Geraniis*, in-4°, à Leyde en 1759, comme nous l'avons déjà dit plus haut.

Voyez encore Sprengels, *Geschichte der Botanik neu bearbeitet, Altenbourg und Leipzig*, 1817, 2 vol. in-8°, 2e vol., pages 115 à 125.

Voyez le Dictionnaire des jardiniers par Miller. La meilleure édition originale de l'auteur est celle de Paris, de 1768, ou de Bruxelles, de 1786 à 1789, en 8 vol. in-8°.

Nous ne parlerons plus des ouvrages indiqués déjà de Buc'hoz, de l'abbé Cavanilles, de l'Héritier, de Sweet, Lindley et de Jacques Klier, de Vienne, qui tous ont traité plus particulièrement de cette plante.

Consultez encore l'ouvrage de feu A. P. de Candolle sous le titre de : *Prodromus systematis naturalis regni vegetabilis, pars prima, Parisiis*, 1824, in-8°, pages 637 à 684 ; et celui de John Claudius Loudon, portant le titre de : *An Encyclopedia of plants*, édition de 1836, de la page 568 à 591.

Nous nous bornerons à citer l'opuscule in-32, contenant 102 pages, de Jacques Klier, ayant le titre de : *Anleitung zur cultur der Pelargonium*, 1826;

Le Traité de la culture des *Géranium*, etc., par Ch. Lemaire, Paris, chez Cousin, 1842; cet opuscule in-18, comprend 93 pages;

Voyez aussi *The Geranium ; its propagation, cultivation, and general treatment, in all seasons, London, Tyas*, 1843, en 12 pages in-18.

On nous a cité encore un Traité sur cette culture, qui doit avoir été publié par M. Paxton (1). Nous n'avons pu nous le procurer à Londres. Cet écrit aura probablement été inséré en forme d'articles spéciaux dans l'un ou l'autre des nombreux ouvrages ou recueils de botanique ou de jardinage, publiés pendant les deux dernières années en Angleterre. Nous croyons même avoir appris d'une manière indirecte qu'il en a paru une traduction qui figure dans une publication de ce genre faite à Paris.

(1) C'est le jardinier en chef et le directeur des serres et plantations, au magnifique château de Mgr le duc de Devonshire à Chatsworth, dans le Derbyshire.

CHAPITRE III.

Description de différentes serres.

§ 1er.

INDICATIONS GÉNÉRALES.

Le *Pélargonium* est un genre d'arbrisseau à tiges ligneuses et à feuilles herbacées persistantes. Sans être délicate, la plante veut un abri pendant l'hiver, car elle ne pourrait supporter un froid de trois degrés au-dessous de zéro du thermomètre de Réaumur. Pendant l'hiver, le *Pélargonium,* quelle que soit l'espèce, se trouve le mieux dans une serre bien éclairée, et aérée aussi souvent que le permet la température extérieure. Une serre réunissant ces conditions est convenable à ces sortes de plantes, et elles y peuvent prospérer. Le *Pélargonium* se conserve également dans des orangeries et dans des bâches; cependant, une serre bien aérée et dont l'air intérieur a une certaine sécheresse lui convient mieux sous tous les rapports. Dans une serre, le *Pélargonium* reçoit la lumière en lignes perpendiculaires, obliques ou horizontales, et l'air lui arrive de tous les côtés, par les interstices des vitres. Par l'action et par l'influence de ces deux éléments indispensables, l'humidité de la plante disparaît insensiblement ; les tiges se raffermissent et les feuilles se conservent intactes. En entretenant la séve en mouvement par l'action ascendante et descendante d'une chaleur modérée, l'arbrisseau forme dans les aisselles des feuilles, des bourgeons qui produisent plus tard des branches à fleurs. C'est ainsi que le *Pélargonium* est en végétation, pendant toute l'année, en raison de la chaleur modérée qui l'anime.

Ces indications préliminaires s'appliquent plus particulièrement aux plantes mères et à celles qui sont vigoureuses. Ces sortes de plantes se conservent dans un excellent état de santé, pendant l'hiver, peu importe dans quel genre de serre elles se trouvent. En effet, leur santé et leur bien-être dépendent en grande partie de la place où elles ont été mises. Toutefois, nous pensons qu'il est nécessaire d'avoir des serres distinctes et de dimensions différentes , pour les plantes mères comme pour les boutures et les jeunes semis.

§ 2.

INDICATIONS SPÉCIALES POUR LA CONSTRUCTION D'UNE SERRE PROPRE A LA CULTURE DE JEUNES SEMIS.

Une serre destinée à contenir de jeunes semis de *Pélargonium* peut avoir une longueur de 5 à 15 mètres au plus, comme on voudra lui donner. Elle doit être placée sur le même niveau que le sol du jardin ; le mur de derrière peut avoir 3 à 4 mètres d'élévation ; celui de devant aura de $0^m,45$ à $0^m,50$ centimètres, mais on doit établir sur ce mur un châssis droit d'environ un demi-mètre de haut. La largeur de la serre-bâche sera de 2 1/2 mètres à l'intérieur. Cette serre sera exposée dans nos climats au sud-sud-ouest, d'où nous viennent d'ordinaire les vents les plus rafraîchissants pour tout végétal. Les châssis de devant auront trois ou quatre vitres; ils seront attachés à la tablette supérieure de devant, par des charnières solides. On devra pouvoir les ouvrir au moyen d'un crochet de fer qui passe sur la tablette. Ce crochet s'arrête, pendant que les châssis sont fermés ou ouverts, par un anneau dans un point fixé dans la tablette inférieure du châssis. Le toit de la serre est formé par deux châssis: l'inférieur, d'une longueur d'environ 2 mètres, reste fixé sur les soliveaux; le châssis supérieur, au moyen d'un crochet de chaque côté, est attaché par des charnières à la tablette placée sur la partie supérieure du mur de derrière. Ce châssis repose sur le cadre inférieur, de telle manière qu'on puisse le soulever, pour laisser pénétrer l'air dans la serre et établir ainsi une ventilation par cette ouverture supérieure et par celle de devant. Les vitres à double épaisseur et d'un demi-blanc nous ont paru les plus convenables pour ces espèces de serres. D'abord ces sortes de verres offrent plus de résistance à la grêle et aux effets de la gelée; ensuite, les rayons solaires ne produisent pas sur la jeune végétation des semis un effet brûlant qui fait périr un grand nombre de jeunes plantes, qui sont encore dans un certain état de faiblesse. Quant à la disposition intérieure de la serre précitée, nous proposons de donner à la tablette de devant, c'est-à-dire à celle qui se trouve placée à la hauteur du mur, une largeur de 0m,50 centimètres; comme il existe un espace de près d'un mètre entre cette tablette et les vitres d'en haut, nous conseillons de placer une seconde tablette, au-dessous des vitres d'en haut, d'une largeur de 0m,25. Cette tablette sera particulièrement réservée aux plantes délicates et chétives. De la tablette de devant jusqu'aux gradins, nous laissons un espace de 0m.65 pour pouvoir s'y remuer à l'aise. Le reste de l'espace, large de 1m,25 centimètres jusqu'au mur de derrière, sera occupé par des gradins au nombre de 5 ou 6; les trois inférieurs auront 0m,15, et les autres de 0m,10 à 0m,12 de largeur. Ce gradin reposera contre le mur de derrière. Les gradins postérieurs ne peuvent être placés trop haut, afin que l'on puisse arroser les plantes qui s'y trouvent. La tablette inférieure sera à une distance de 0m,35 du sol, et la supérieure à la même distance des vitres. Sur les tablettes supérieures, on placera les plantes les plus faibles, parce que cette position est pour elles la plus favorable; celles qui sont plus robustes seront placées sur des gradins inférieurs.

Une serre construite dans ces proportions, est plus particulièrement utile aux jeunes plantes provenant de semis; mais telle serre, construite dans des proportions plus larges, conviendrait à de jeunes plantes de boutures, mais on doit pouvoir leur donner plus d'air. Cela pourra s'effectuer en établissant les châssis supérieurs de manière à pouvoir les laisser descendre sur les châssis inférieurs au moyen d'un treuil. On devra dans ce cas, laisser derrière les gradins un certain espace pour que l'on puisse y passer.

§ 3.

SERRES POUR CONTENIR DE GRANDES PLANTES PENDANT L'HIVER ET PENDANT L'ÉTÉ.

Nous avons connu une serre expressément construite pour y cultiver des *Pélargonium*, chez M. Madisson, horticulteur à Wondelgem-lez-Gand. Elle était placée au milieu d'un verger, assez loin de toute demeure et de toute plantation; vitrée de tous côtés et recevant ainsi les rayons solaires sans aucun obstacle; cette serre que nous avons visitée en toute saison, il y a déjà un certain nombre d'années, nous a toujours paru la plus convenable et la mieux entendue pour la culture du *Pélargonium*.

M. Madisson avait seulement le tort d'y cultiver en même temps de jeunes plantes provenant de boutures et de graines.

Nous donnerons une description de cette serre, pour autant que nos observations, résultat de nos souvenirs locaux, soient tout à fait exactes.

Nous avons vu, au mois de mai de 1842, une serre nouvellement construite pour les *Pélargo-*

nium, chez M. Chauvière de Paris. Celle-ci a l'inconvénient d'être enfoncée à 0^m 50 centimètres dans le sol. Cet enfoncement produit l'humidité et la moisissure dans les feuilles. Nous avons encore rencontré des serres comme celles de M. Madisson dans plusieurs établissements d'horticulture en Angleterre, non-seulement dans les environs de Londres, mais encore dans d'autres localités de ce pays, remarquable surtout par le grand nombre de serres et par la quantité des diverses plantes que l'on trouve partout.

La serre aux *Pélargonium* de M. Chauvière (1) est placée à l'extrémité et vers le centre de son jardin; elle est exposée au sud-sud-est et vitrée de tous côtés. Sa longueur est de 10 à 12 mètres; sa largeur est de 3 1/2 à 4 mètres à l'intérieur. Tout autour il se trouve, au-dessus des conduits du calorifère, une tablette dont la largeur est d'environ 0^m, 65. Une seconde tablette, d'une largeur de 0^m 16, est placée au-dessus de celle d'en bas. Le milieu est occupé, non par un théâtre avec gradins, mais par une table horizontale, ayant une largeur de 1^m 50 à 1^m 85 centimètres. Le reste de l'espace est laissé au passage. Pendant l'hiver,

(1) Un modèle de cette serre est figuré dans l'intéressant ouvrage que vient de publier M. Neumann, directeur du Jardin des Plantes à Paris, sous le titre de : *Art de construire et de gouverner les serres*, 1 vol. in-4°, avec 22 pl. gravées. On le trouve à la librairie botanique de M. Oudot, éditeur du *Bon Jardinier* et de la *Revue Horticole*.

on place au-dessus de cette table du milieu, et cela à 1 mètre plus haut, une tablette ayant 0m38 de largeur, pour y conserver de jeunes plantes. Ces sortes de sujets sont également placés sur la seconde planche au-dessus des fourneaux et tout autour de la serre. Le milieu de celle-ci a une élévation de 3 à 3m 25 centimètres; les côtés ont de 1m 50 à 1m 75. La ventilation de cette serre est ce qu'il y a de mieux entendu. En effet, il est facile de faire mouvoir et de balancer les châssis supérieurs. Les portes des deux côtés, ainsi que les châssis, peuvent rester constamment ouverts, quand la chaleur est trop forte; il y a ainsi un courant d'air très-prononcé.

La serre de M. Madisson était encore mieux entendue, selon notre opinion. Longue de 12 mètres et large de 4 mètres environ, elle avait une élévation de 3m 50 au milieu; sur les côtés, elle avait 1m85. Il y avait des tablettes comme dans les serres précédentes, mais elles étaient moins larges. Le milieu de la serre était occupé par un théâtre de gradins, tous d'une largeur de 0m15. La ventilation se faisait par des châssis supérieurs et latéraux, ainsi que par les portes placées aux deux extrémités. Cette serre formait donc un ovale oblong et avait de jolies proportions.

C'est dans ce genre et suivant un même modèle qu'un grand nombre de serres sont construites en Angleterre et en Belgique.

C'est dans ces sortes de serres que les *Pélargonium* se forment le mieux et fleurissent de la manière la plus gracieuse. On ne doit cependant pas induire de ce qui précède, qu'il soit impossible de cultiver également cette plante dans un autre genre de serre, c'est-à-dire qui ne recevrait l'air et la lumière que d'un ou de deux côtés seulement. Loin de nous cette pensée, car nous savons par expérience qu'il est fort possible de les y cultiver et même avec quelque succès, mais cette culture exige plus de soins et d'attentions, soit pour entretenir la ventilation, soit pour faire le nettoyage continuel des plantes. Il n'est pas impossible de cultiver les *Pélargonium* dans des bâches, mais ici la difficulté est plus grande encore. De plus, on n'éprouve pas autant de satisfaction, en les y voyant fleurir, que dans une serre où il est si facile de les examiner et de les admirer à loisir, pendant tout le temps de leur délicieuse floraison.

Ainsi l'amateur-fleuriste et l'horticulteur, qui ont pris goût à la culture du *Pélargonium*, doivent accorder à cette plante des serres convenables, s'ils veulent qu'elle y prospère et procure les jouissances qu'ils sont en droit d'en attendre.

Cependant il ne suffit pas que les serres soient disposées suivant toutes les règles prescrites; il faut encore que l'on suive exactement de point en point les procédés de culture, pendant toute une année. En effet, ceux-ci forment l'objet principal de notre publication. Hâtons-nous donc de les exposer, dans leur ordre naturel, et aussi clairement et succinctement qu'il nous sera possible.

CHAPITRE IV.

De la culture du Pélargonium.

SECTION PREMIÈRE.

§ 1.

DE LA COMPOSITION DU TERREAU EN GÉNÉRAL.

Plus on fait de progrès dans la culture des fleurs, plus on acquiert la conviction que les bons résultats de culture dépendent, en grande partie, de la composition du *terreau* (1) auquel on confie chaque espèce de plantes. On trouve aussi que, non-seulement les espèces diverses d'un même genre, mais encore les variétés différentes d'une même espèce, ne prospèrent pas également bien dans le même *compost* (2) : l'une vient mieux dans

(1) *Terreau.* Le dictionnaire de l'Académie entend par ce mot, une terre mêlée de fumier pourri, dont les jardiniers font des couches dans les jardins potagers. On dit ainsi : « Il faut mettre du terreau au pied de ces arbres, une couche de terreau pour des melons, pour des fleurs. » Il se dit aussi d'une terre naturelle répandue partout, à des profondeurs inégales, selon les différents terrains, et qu'on appelle autrement *Terre franche, terre végétale.*

(2) *Compost.* Mot anglais qui signifie une composition de terre quelconque, toute préparée pour une culture spéciale ; c'est ainsi que l'on dit : *compost* de camellia, de rosiers, etc.

une terre légère et poreuse; l'autre espèce ou variété veut ce compost plus compact et plus serré.

Cette observation, qui mérite de fixer notre attention dans la culture des végétaux en général, n'est pas moins utile dans celle du *Pélargonium* en particulier. Cependant, hâtons-nous de le dire, ces particularités de culture ne s'apprennent, d'une manière exacte, que par une pratique constante. En effet, les auteurs qui traitent de ces sortes de matières, se voient obligés de parler d'une manière trop générale, n'ayant pas toujours joint la pratique à la théorie. Quant aux jardiniers habiles qui ont acquis ces notions, ou ils n'ont pas le temps nécessaire pour les rédiger, ou ils sont trop peu instruits pour les écrire. Peut-être aussi, par égoïsme, ne veulent-ils pas les communiquer aux autres. Ainsi se perdent des procédés de culture que l'on ne parvient à connaître que par des observations habituelles et par des expériences longues et coûteuses.

Mainte fois on nous a demandé : « Dans quel genre de terre plantez-vous vos *Pélargonium* et comment faites-vous préparer ce compost? » Nous n'avons jamais hésité à donner à nos amis une réponse satisfaisante, autant qu'il était possible de le faire verbalement. Il nous sera plus facile de compléter ces indications par écrit. Nous le faisons volontiers, autant dans l'intérêt de la culture spéciale qui nous occupe, que par suite de notre véritable satisfaction à constater les résultats de notre expérience.

§ 2.

DE LA MANIÈRE DE COMPOSER LE TERREAU.

Un amateur de *Pélargonium* qui habite la campagne, doit avoir constamment en réserve du terreau tout préparé, afin de pouvoir faire le rempotage de ses plantes aux époques désignées ci-après. A cet effet, il fera déposer, dans un endroit écarté, quelques charrettes de bon fumier de cheval. Ce dépôt se fera le plus convenablement dans un trou maçonné, ou bien creusé dans la terre. Pour accélérer la décomposition de ce fumier, on aura soin de faire jeter dessus, à toute époque de l'année, le résidu des lessives, celui de la cuisine et toute autre ordure de cette espèce. On y jettera aussi les feuilles d'arbres ramassées au verger. Deux ans après, au mois de février ou de mars, on fera enlever le fumier décomposé en grande partie, pour le placer en un tas exposé au soleil, en ayant soin d'y faire mêler un sixième de terre-franche légère. Nous nommons terre-franche légère, soit une terre de jardin légumier, soit une terre des champs rendue fertile par la culture. Cette terre est censée être composée : 1° d'un tiers de marne, 2° d'un tiers de terre glaise et 3° du fumier complétement réduit ou décomposé, et mêlé de sable.

Aussitôt que ce terreau, mélangé comme il vient d'être indiqué, se trouve mis en tas, on remplit de nouveau le trou de bon fumier de cheval. On l'y laissera pendant deux ou trois ans, comme on le jugera nécessaire, et l'on continuera de jeter des ordures dessus pour en hâter la décomposition.

Lorsque la fermentation du printemps aura produit son effet sur ce compost, on le fera transporter, pendant un temps sec, sous un hangar, pour qu'il soit à l'abri de la pluie. En cet endroit, on le passera au crible fin et l'on pourra dorénavant s'en servir pour le rempotage des *Pélargonium*. Toutefois, en certains cas, ce terreau devra subir quelques modifications dont nous parlerons plus bas.

§ 3.

DU TERREAU OU COMPOST TOUT PRÉPARÉ.

Tous les amateurs de fleurs n'ont pas un emplacement convenable pour former et pour préparer le terreau, dont nous venons d'expliquer la composition. Ceux qui habitent à proximité des villes, où il y a toujours des jardiniers occupés de la culture des légumes précoces en bâches, trouveront chez ces derniers le terreau qui leur convient. Cependant, il arrive parfois que ce compost a subi un mélange de tan très-vieux, mais qui n'en est pas moins excessivement nuisible aux *Pélargonium*. Si, au contraire, le jardinier, honnête homme, fournit du terreau pur, sans autre mélange que celui dont nous avons fait mention, on peut le lui payer 5 et même 10 francs le mètre cube, s'il le faut, et ce prix n'est pas trop élevé. Telle est la bonne et véritable composition de la terre qui convient le mieux aux *Pélargonium*. Ce terreau que le jardinier fait ôter de ses bâches, à la fin de septembre, a également besoin d'être remanié et passé au crible. Après cette opération, on le met à l'abri de la pluie, pour le conserver dans un état de sécheresse, jusqu'au moment de s'en servir. En composant ou en décomposant ce terreau, on trouve qu'il contient :

1° 1/4 de fumier de cheval ;
2° 1/4 de paille décomposée ;
3° 1/8 de terre-franche légère ;
4° 1/8 de sable ;
5° 1/8 d'ordures diverses ;
et 6° 1/8 de feuilles décomposées.

Ce terreau ainsi préparé convient en général aux *Pélargonium* d'un an ou plus, et aux plantes qui ont de fortes racines. Si, au contraire, on avait à rempoter des boutures ou des plantes délicates, on devrait rendre cette composition plus légère, par l'addition d'un 1/8 jusqu'à un 1/6 de sable blanc et autant de terreau de feuilles décomposées.

§ 4.

DU TERREAU PROVENANT D'AUTRES FUMIERS.

On peut composer encore d'autres sortes de terreau, au moyen de fumier de vache, de mouton, de pigeon ou de guano. Cependant le compost provenant de ces sortes d'engrais est ou trop froid ou trop chaud. Il ne présente pas la même porosité que celui qui provient du fumier de cheval. Le terreau de fumier de vache conserve plus d'humidité, et, loin de devenir plus léger par les arrosements, il devient au contraire plus compact et serré. L'action de l'air et celle de la lumière ne produisent plus leur effet sur les racines des plantes, par la trop forte densité de sa terre. Les feuilles jaunissent et la plante est menacée de dépérissement. Nous avons essayé de former des compost au moyen d'autres engrais, et nous avons été obligé de renoncer successivement à ces expériences. En effet, comme nous en acquérions chaque fois la conviction, ces essais ne produisaient pas un aussi bon résultat que celui qu'on obtient du fumier de cheval. Ce dernier est incontestablement le plus léger et le mieux approprié à la culture du *Pélargonium*.

Malgré l'insuccès de ces expériences, nous n'en rechercherons pas moins à améliorer le compost, afin de lui donner plus de consistance, tout en lui conservant la porosité indispensable à la conservation des racines et nécessaire pour faciliter l'action de l'air sur ces dernières.

Nous engageons les amateurs zélés à en faire autant ; peut-être finira-t-on par trouver une panacée convenable à la vie et à l'entretien de notre charmant et précieux végétal.

SECTION II.

Du premier rempotage des Pélargonium.

Les *Pélargonium* doivent être rempotés à la fin de l'hiver, dès que les grandes gelées ne sont plus à craindre. Du 15 au 25 février, on commence le premier rempotage par les plantes les plus vigoureuses et par celles qui, ayant des pousses fortes et développées, paraissent en conséquence avoir les meilleures racines. Avant de procéder à cette opération, on laisse sécher entièrement la terre dans laquelle se trouvent ces dernières. Cette terre, dès que la motte est secouée des pots, se détache facilement des racines, sans qu'il soit nécessaire d'arracher ni de déraciner celles-ci.

Le *rempoteur* doit être assis et avoir devant lui une large cuvette remplie de terreau ; une planche de 7 à 8 pouces de largeur sera placée horizontalement sur les parois de la cuvette. Il aura à sa gauche une provision de tessons et deux petites cuvettes remplies, l'une de sable blanc et l'autre de terre de feuilles : à sa droite, se trouvera une collection de pots de toutes grandeurs et dimensions.

Toutes les dispositions étant ainsi prises, ce rempoteur se fera remettre, par un aide-jardinier, la plante qui doit être rempotée. Prenant celle-ci de la main gauche, il appuyera la motte sur le genou gauche ; à la main droite, il tiendra un petit bâton au bout obtus, au moyen duquel il cherchera à ôter les dernières molécules de terreau qui seraient restées dans les racines. Il aura le plus grand soin de n'occasionner ni contusion ni blessure à ces racines qu'il importe de conserver intactes. Celles-ci se trouvant ainsi débarrassées de toute leur terre, il est temps de couper le chevelu, en les passant successivement entre le pouce et le tranchant du couperet. A l'instant même, on débarrassera la plante des feuilles sèches qui se trouveraient à la tête de celle-ci. Quand la plante sera à même de pouvoir être replantée, le rempoteur cherchera parmi les pots placés à sa droite, celui qui, par sa profondeur et par sa largeur, paraît pouvoir contenir facilement les racines, de manière qu'il y ait un espace d'environ un pouce entre les racines et les parois du pot. Ce pot bien lavé, nettoyé et tout à fait sec, ne peut avoir aucune fente ni gerçures ; l'eau doit facilement pouvoir s'en écouler. On facilitera encore l'écoulement des eaux provenant d'arrosements ou de pluies abondantes, en plaçant des tessons au fond du pot. Ces morceaux de pots sont mis de façon que le côté convexe ou le creux se trouve tourné en-dessous. Placés de cette manière, les tessons qui couvrent tout le fond du pot, sont eux-mêmes couverts par le rempoteur d'un ou de deux pouces de terreau, sur lequel on fait descendre avec la main gauche et en droite ligne la motte des racines, sans comprimer et sans affaisser celles-ci. Il faut que les racines supérieures soient à un demi-pouce plus bas que la partie supérieure du pot.

Aussitôt que toutes ces dispositions seront prises, le rempoteur se mettra en devoir de faire passer entre les racines la terre préparée, et de remplir ainsi le pot, en le secouant de temps à autre ; il serrera la terre sans la comprimer avec trop de force. Le pot peut être rempli à un pouce près et de manière que les racines supérieures soient à peine couvertes de terre. Les plantes rempotées avec toutes ces précautions sont toujours celles qui produisent les pousses les plus fortes et les plus vigoureuses ; ce sont aussi celles qui donnent les plus gros bouquets et les fleurs le plus largement épanouies.

L'aide-jardinier reprend successivement les plantes rempotées et les place à proximité sur une planche, à terre ou sur une couche de cendres de brasseur ou de gravier, établie dans une position tout à fait horizontale.

Aussitôt qu'un certain nombre de grandes plantes seront ainsi rempotées, on les arrosera sur la terre des pots pour la faire serrer également à la superficie. On les disposera ensuite dans l'endroit de la serre qu'elles doivent occuper jusqu'à leur première exposition en plein air.

On continuera de rempoter de cette manière toutes les plantes d'une ou de deux années, pourvu qu'elles paraissent bien saines et bien portantes. On agira de même à l'égard des semis et des boutures de l'année écoulée. Cependant, celles-ci ne doivent pas être destinées à être vendues, car en les rempotant, on disloque la motte et il n'y a plus moyen, pendant le printemps, de les expédier sans pots.

Quant aux boutures et aux plantes délicates, il est toujours prudent d'en retarder le rempotage jusqu'à la mi-mars : la reprise des racines n'en est que mieux assurée. Si, en attendant le rempotage, la bouture avait quelque disposition à s'élancer, on ralentirait le développement de la séve, en coupant la tête de cette plante, au mois de février. Pendant que la séve est en mouvement pour produire ses pousses latérales, on arrive à l'époque où le rempotage peut avoir lieu sans inconvénient.

Pour ce qui est des plantes chétives ou souffrantes, on ne doit pas en craindre des pousses allongées, puisque la séve n'en est pas assez abondante.

Si l'on veut obtenir d'une jeune plante vigoureuse le modèle d'un développement outre mesure, on y parviendra facilement en lui donnant un pot plus grand et en la replantant une deuxième et une troisième fois, vers la fin du mois d'avril ou de mai. On comprend que cela doit avoir lieu dans des pots d'une dimension successivement plus grande, et que l'on ne peut toucher à la motte. Toutefois, ceci n'est qu'une exception à la règle générale. Ce procédé a seulement pour objet d'obtenir un individu d'un grand développement et pour résultat une floraison inégale qui sera retardée d'un mois.

Voilà pour le rempotage du printemps. Il y en

a un second : c'est celui du mois d'août, dont il sera question plus loin.

SECTION III.

Manière de placer les tuteurs et de marquer les plantes.

Après avoir fait le rempotage des plantes et avant de les placer dans la serre, il est nécessaire de donner à chacune d'elles un bon tuteur auquel on la lie, sans trop serrer les nœuds, afin de ne pas empêcher l'ascension de la séve. On détache et l'on retire d'abord l'ancien tuteur ; le trou laissé par celui-ci est ensuite rempli à moitié par du terreau. On le remplace par un nouveau tuteur que l'on enfonce dans le même trou, mais à une profondeur des deux tiers de celle du pot.

Les tuteurs pour les plantes mères ou pour celles dont on n'a qu'un exemplaire, doivent être faits en bois de sapin. On les peint d'abord en blanc et puis en vert. Ces plantes, destinées à étaler toutes leurs grâces, ne doivent pas être déparées par un ajustage de mauvais goût. Ces tuteurs, attachés à la plante par des liens souples, doivent dépasser en hauteur, de dix centimètres au moins, la tête de la plante.

Avant de remettre, après le rempotage, la plante en place, on doit examiner avec soin si elle porte exactement le chiffre de sa variété. En effet, une plante dont on ignore le nom, perd plus de la moitié de sa valeur. Quelque exercé que soit l'œil de l'amateur ou du jardinier, il est devenu très-difficile, sinon impossible, de reconnaître au feuillage toutes les bonnes variétés de *Pélargonium* que nous possédons actuellement.

Voici comment nous nous y prenons pour ne jamais nous tromper sur ce point. Aussitôt que nous recevons une nouveauté remarquable, ou bien que nous trouvons dans nos nombreux semis, une variété nouvelle digne de notre attention particulière, nous lui assignons aussitôt un numéro. Ce numéro d'ordre est à l'instant inscrit dans un registre, avec la description exacte de tous les détails concernant le sujet. On le marque, à l'instant aussi, sur un morceau de plomb carré en forme de plaque, d'un pouce de surface, et, au moyen d'un fil de plomb, on l'attache au corps de la plante. On ne doit pas craindre de perdre cette plaque pendant l'opération soit du rempotage, soit du déplacement des plantes, en les rentrant ou en les sortant de la serre. En suivant cette méthode, on a encore un autre avantage, c'est d'avoir toujours une plante mère avec laquelle on puisse comparer des plantes en boutures dont les étiquettes se seraient perdues.

Les autres plantes sont marquées d'une étiquette, et si on la perd, on en a toujours un modèle sous les yeux, pour retrouver la plante mère d'où la bouture a été détachée.

toute la plante, au lieu d'un état de santé parfaite qu'elle offrait, il y a quelques semaines, ne présentera plus qu'un aspect de délabrement complet.

Il faut donc procurer au *Pélargonium* le plus de lumière dont il soit possible de le faire jouir, non-seulement pendant qu'il est abrité, mais encore quand on le place à l'air extérieur. Si, pendant la floraison, on lui ôte une partie de cette lumière, en enduisant les vitres d'en haut d'une couche de craie, afin de mieux conserver les nuances délicates des fleurs, on s'aperçoit en peu de jours, que le sujet a considérablement souffert de cette privation. Aussi doit-on s'empresser de le rendre à ces rayons bienfaisants, dès que la floraison cesse; c'est pour ce cas seulement que l'on pourrait discontinuer de donner, en été, au *Pélargonium,* autant de lumière qu'il est possible de lui en départir.

SECTION VI.

Effet de l'air sur les plantes précitées.

Si la lumière est un élément si nécessaire, si indispensable même à la santé du *Pélargonium,* l'air ne lui est pas moins favorable. Ce principe de l'organisme végétal pénètre constamment dans la serre par les interstices des vitres. Cet air n'est ni assez abondant, ni d'une assez grande pureté; il faut, chaque fois que la température le permet, si le thermomètre marque plus de 2 ou 3 degrés au-dessus de zéro, faire donner de l'air à la serre des *Pélargonium*, en ouvrant les portes et les fenêtres, et en établissant ainsi une ventilation continue.

Ce principe alimentaire contribue, pour une si large part, à la santé et à la vigueur du végétal, que l'on ne voit jamais cette plante réunir toutes ces qualités essentielles, si elle n'a été assez longtemps exposée au grand air. Pour ce motif, il ne faut la laisser en serre que le temps indispensable pour l'abriter contre les gelées de l'hiver, ainsi que pendant sa floraison, ou lors de la reprise des racines, après le dépotement de l'été. C'est d'après cette conviction que nous avons souvent laissé nos plantes à l'air jusqu'à la fin d'octobre et que, chaque année au printemps, nous nous empressons de les remettre à l'air, aussitôt qu'un beau soleil printanier vient dissiper toute crainte de gelées tardives. Cette sortie a lieu depuis 3 ans, du 10 au 20 avril.

Si toutefois une gelée tardive venait surprendre les *Pélargonium* pendant la nuit, on pourrait facilement en paralyser l'effet, en jetant le matin, de l'eau de pluie sur les feuilles. C'est aussi dans la crainte des gelées tardives, que l'on doit avoir soin de n'arroser les plantes que dans la matinée. En tenant sèche, pendant la nuit, la terre des pots, la gelée ne produit aucun effet nuisible sur les racines.

Si, au contraire, cette terre était mouillée, peut-être qu'en se gelant les racines en éprouveraient du détriment, ce qu'il importe d'éviter avec soin, en suivant l'indication donnée plus haut.

SECTION VII.

Des arrosements.

L'eau la plus favorable pour l'arrosement des *Pélargonium* est l'eau de pluie : on a soin de la recueillir dans des réservoirs ; elle doit être puisée, pendant l'hiver et au printemps, peu de jours avant d'en faire usage. On la place dans les serres, ou dans un endroit ayant une température analogue à celle qui règne en celles-ci. Ces arrosements ont lieu, en hiver, avec la plus grande circonspection, c'est-à-dire au moment où la terre des pots paraît bien sèche. On n'arrose jamais que dans la matinée et avant que les rayons solaires viennent frapper les vitraux. Lorsque, pendant l'hiver, on est obligé de faire du feu pour empêcher la gelée de pénétrer dans la serre, la terre des pots se dessèche plus vite et l'on ne peut négliger d'arroser. Aux arrosements d'automne, d'hiver et de printemps, on a toujours bien soin de ne pas laisser tomber de l'eau sur les feuilles des plantes, car les moindres gouttes atteignant le milieu des feuilles, les feraient pourrir en peu de jours. Il en résulterait que la plante, non-seulement serait privée d'une partie de sa force, mais encore d'un de ses plus beaux ornements. Vers le printemps, ces arrosements se font avec plus d'abondance, et même le matin, lorsqu'un ciel serein promet un beau soleil : il est très-utile alors d'arroser à la fois, vers 10 heures du matin, les feuilles et les pieds des plantes, au moyen d'une pompe à jets continus, comme celle de M. Petit, de Paris, ou celle de M. Legrand, de Béthune, qui a été récemment inventée. Ces sortes d'arrosements, que nous avons pratiqués depuis plusieurs années avec succès, peuvent être répétés deux fois par semaine, si toutefois la température extérieure est favorable, et qu'il n'en puisse résulter aucun inconvénient. Au contraire, on remarque qu'ils produisent sur la végétation un effet tel que les feuilles et les pousses en acquièrent un plus grand développement et partant beaucoup plus de force.

Ces arrosements exercent la plus salutaire influence sur les feuilles, alors que les plantes se trouvent à l'air et à mi-soleil. Cependant on ne peut les pratiquer, comme nous l'avons déjà dit, que dans la matinée et sur le soir, à l'époque des plus grandes chaleurs du printemps. Les plantes qui peuvent être convenablement arrosées ainsi, sont celles qui ne montrent pas encore les boutons de leurs fleurs. Ce procédé a souvent pour résultat d'accélérer l'apparition des boutons en plus grande abondance. Les arrosements sur les feuilles produisent encore un bon effet, pendant les grandes chaleurs du mois d'août, après que les plantes mères, taillées et rempotées, se trouvent en serre ou en plein air.

On ne peut se servir, en hiver comme en été,

que d'eau pluviale pour ces divers arrosements, mais il est bon de n'employer celle-ci qu'après l'avoir laissée reposer un ou deux jours dans un tonneau ou baquet exposé, en été, à l'air ou au soleil. De cette manière, l'eau sera parvenue à avoir le degré de température de l'air auquel les plantes se trouvent exposées.

SECTION VIII.

Destruction des pucerons.

Lorsque, par la chaleur naturelle du printemps, la séve commence à circuler et à produire des pousses d'une tendre verdure, on voit aussitôt apparaître une masse compacte de pucerons qui embrassent, comme une larve verdâtre, les extrémités de cette récente végétation. Les feuilles de ces tiges en sont également couvertes, plus encore dans les parties inférieures que dans les parties supérieures.

Ces insectes absorbent toute la séve qui vivifie cette jeune végétation; ils l'empèchent même ainsi de se développer, comme elle le ferait sans la présence de cette vermine. Ces jeunes pousses et ces feuilles vertes, qui s'annonçaient d'abord comme devant prendre un grand développement, s'arrêtent tout à coup et se présentent bientôt sous un aspect sordide et rabougri. Il est clair qu'alors il est plus que temps de travailler à la destruction de ces insectes. A cet effet, on laisse sécher la terre des pots, parce que si elle était humide ou seulement moite, les pucerons, en tombant des feuilles et des branches sur cette terre, reviendraient facilement à la vie.

Vers le soir, on ferme les portes et les fenêtres de la serre, et l'on fait apporter un réchaud : on le place devant l'échaffaudage ordinairement situé vers le milieu de la serre; on y allume du charbon de bois et l'on place dessus une certaine quantité de tabac de la qualité la plus forte et la plus commune. On laisse ce tabac fumer jusqu'à extinction. La serre se remplit promptement de fumée, et en cet état on la laisse fermée jusqu'au lendemain matin. On y trouve alors la terre des pots couverte de ces insectes; aussitôt on s'empresse d'ouvrir les portes et les châssis pour laisser pénétrer l'air, dont les plantes ont été privées si longtemps. On se met à arroser celles-ci à l'instant même, avant que le soleil luise sur la serre. Des pucerons de la plus grande espèce résistent quelquefois à la fumée, mais toute la jeune progéniture se trouve littéralement détruite. Il faut un temps assez long avant que l'on voie reparaître ces insectes.

Aussitôt que l'on en remarque de nouveaux, il importe de les détruire promptement, en suivant le même procédé.

On est souvent obligé de recourir une troisième fois à cette fumigation de tabac, alors que les plantes mises à l'air au printemps, ont été rentrées dans la serre vers la fin de mai, pour y commencer leur floraison.

On répète encore une quatrième fois cette opération, et cela, après la floraison, dès que la graine se forme et que ces insectes menacent par leurs attaques, de la détruire et de défigurer en même temps les tiges destinées à être bouturées.

On doit souvent brûler une cinquième fois du tabac, après la rentrée définitive des plantes et cela avant la saison d'hiver.

On nous demandera sans doute d'où proviennent ces insectes? Comme dans tous les phénomènes de la nature, il n'existe pas d'effet sans cause, nous avons cherché cette cause et nous croyons l'avoir trouvée. En effet, dans les lieux où l'on ne voit pas de petites araignées noires, on n'aperçoit pas non plus de pucerons. Détruisez donc celles-là, car ce sont elles qui, par une de ces combinaisons secrètes de la nature, occasionnent la présence de ceux-ci. Ces araignées font leurs nids au-dessous des vieilles feuilles; là elles pondent des œufs et les font éclore; de ces œufs sort une masse de pucerons, d'abord très-chétifs et à peine perceptibles, puis grossissant presque à vue d'œil et produisant probablement de leur côté, ces petits insectes noirâtres, plus nuisibles encore que les pucerons eux-mêmes.

Le moyen le plus infaillible de les détruire, c'est de faire des fumigations de tabac répétées jusqu'à leur entier anéantissement.

Comme à chaque fumigation plusieurs gros pucerons échappent à la destruction, il faut recourir à ce procédé infaillible, comme nous l'avons déjà dit, cinq ou six fois dans le courant d'une année. C'est une peine et un embarras sans doute, mais il faut bien se les donner, si l'on veut avoir sa collection de *Pélargonium* dans un état parfait de conservation et de propreté.

SECTION IX.

Destruction des vers de terre.

En formant le terreau, on ne peut éviter de rencontrer, dans les éléments dont il se compose, des œufs de vers de terre. Au printemps, lorsque, par suite de la chaleur de l'air et des arrosements, la fermentation commence à produire son effet sur le compost, on remarque des vers de terre se développant avec promptitude. On les voit perforer la terre à l'orifice des pots; ces vers ont bientôt établi des communications dans la motte des plantes, et il est fort difficile de les y saisir sans faire sortir la terre des pots et sans en défaire quelquefois une partie, ce qui altère considérablement la végétation. Si on les y laisse, ils endommagent les racines ou les empêchent de s'étendre et de se développer ; ils consomment en outre les substances végétales du compost. Ils paralysent ainsi l'effet des arrosements, en ce que l'eau, au lieu d'être répartie dans toutes les molécules de la terre nourrissant les racines, s'écoule au contraire rapidement par les trous que ces vers ont pratiqués au travers de la motte jusqu'au fond des pots.

Parmi tous les moyens essayés par nous pour détruire ces vers, voici celui qui nous a toujours le mieux réussi : on laisse sécher la motte des racines, où se font remarquer des vers, et sur le soir on pose sur cette motte une poignée de terreau mouillé. Le lendemain matin, on enlève cette poignée de terre et le plus souvent on y trouve les vers qui étaient dans les pots. Si la première fois, ce procédé venait à ne pas réussir, on le répéterait quelques jours après avec un succès infaillible, mais il est indispensable, le matin de bonne heure, d'enlever la terre mouillée.

On pourrait aussi pratiquer, pour la destruction de ces mêmes vers, les arrosements au *guano* détrempé. Plusieurs essais de ce genre, que nous avons faits dans les étés de 1842 et de 1843, nous ont assez bien réussi. Ces arrosements chassent les vers des pots et détruisent leurs œufs près d'éclore. Cependant, il ne faut faire usage de ce dernier procédé qu'avec une grande précaution. En effet, le *guano* est un engrais dont l'effet caustique pourrait être nuisible aux racines jeunes et délicates du *Pélargonium*, si cet ingrédient n'était pas délayé dans une quantité d'eau suffisante.

Dans un article inséré dans la Revue Horticole du mois de novembre 1842, nous avons rendu compte des essais faits par nous de cet engrais exotique. Nous y avons dit qu'à 300 litres d'eau de pluie on ne pouvait mêler qu'un litre seulement de cet engrais; des expériences continuées l'été dernier, nous ont confirmé pleinement dans cette opinion.

SECTION X.

Première sortie des Pélargonium.

Les plus fortes plantes, rempotées les premières, du 15 au 25 du mois de février, ont, depuis cette époque, repris une grande vigueur, si d'ailleurs on les a traitées suivant les indications précédentes. On aura eu soin de donner à toutes ces plantes autant de lumière et d'air que possible, chaque fois que la température extérieure l'aura permis. On sera arrivé ainsi au 15 ou au 25 du mois d'avril. Vers cette époque de l'année, les plantes fortes et vigoureuses auront produit des pousses épaisses et largement développées. On verra arriver le moment de l'apparition des bouquets de fleurs. On le comprendra facilement, les plantes qui se trouveront dans ces conditions favorables, seront mieux en plein air que dans la serre ou dans une orangerie. Le grand air, en arrêtant pour ainsi dire la végétation, contribuera à fortifier les pousses aussi bien que les feuilles. Les pédoncules des fleurs qui vont bientôt apparaître en éprouveront également un très-grand bien. Ce sera alors le moment de prendre la résolution de sortir les plus fortes plantes les premières et de les placer à l'air, en leur donnant l'exposition indiquée plus haut. Les *Pélargonium* éprouveront de cette sortie printanière tout le bien-être que l'on était en droit d'en attendre : on les arrosera avec précaution, surtout si le vent se met au nord ou à l'est. On doit appréhender les gelées tardives, dont il est facile de neutraliser les effets, pourvu que la motte des pots ne soit point mouillée. Si cependant il survenait une de ces gelées, comme le cas s'est présenté pendant la nuit du 19 au 20 avril 1842, on aurait soin, avant le lever du soleil, de jeter de l'eau sur les feuilles des plantes par la pomme de l'arrosoir. Cette gelée s'est répétée trois fois, et chaque fois, en employant ce procédé, les plantes n'en ont conservé aucune trace ni éprouvé la moindre altération.

Cette sortie des plantes au printemps retarde sans doute le développement des bouquets de fleurs, mais il est incontestable que les plantes y gagnent une belle tenue ; l'expérience de plusieurs années prouve que les pousses à fleurs devenant à l'air très-épaisses, celles-ci produiraient un plus grand nombre de forts pédoncules de fleurs.

Néanmoins, il est à remarquer ici que cette sortie hâtive ne produit pas de bien aux espèces et aux variétés qui, de leur nature, sont délicates. Lorsque l'expérience nous a appris à connaître ces dernières, on a soin de les tenir dans la serre et de leur accorder la place la plus convenable sur les gradins les plus rapprochés des vitres et de l'air extérieur.

SECTION XI.

Première rentrée des Pélargonium.

Dès que les plantes ont passé une quinzaine de jours en plein air, on voit les bouquets de fleurs se montrer en abondance sur les extrémités des pousses. Il n'y a aucun inconvénient à les laisser encore exposées à l'air, si toutefois le temps est couvert ou s'il est à la pluie.

Si, au contraire, il survient une température sèche ou de fortes chaleurs, il est prudent de mettre les *Pélargonium* à l'abri des rayons ardents du soleil, car les chaleurs, en développant alors trop rapidement les pédoncules des fleurs, celles-ci s'en ressentiraient et resteraient plus petites ; le coloris n'en serait pas aussi pur ni aussi délicat qu'il devrait l'être.

Le moment est opportun pour donner aux plantes des tuteurs plus grands, si cela est nécessaire, et pour ramener à ceux-ci légèrement et par des liens, les branches latérales. De cette manière, les fleurs se présentent mieux, quand elles s'épanouissent, que si l'on négligeait d'avoir recours à cette précaution. En même temps on s'occupe de la toilette de chaque plante : elle consiste à laver soigneusement le pot, à ôter l'herbe et la mousse, à débarrasser la tête des feuilles sèches ou endommagées, ainsi que de toute autre croissance superflue. Ensuite, chaque plante est rentrée dans la serre et placée sur le théâtre où elle doit étaler toute la grâce de ses nombreux bouquets de fleurs. C'est là qu'il sera facile et agréable de l'examiner attentivement et de l'admirer pendant tout le temps que durera sa charmante floraison.

SECTION XII.

Floraison des Pélargonium.

Enfin, arrive le moment si vivement désiré de la floraison ; c'est toujours vers le milieu du mois de mai que les premiers boutons de fleurs commencent à s'épanouir : ils ne sont ordinairement que les avant-coureurs de celles-ci. On ne doit guère y faire attention, parce que ces premières fleurs ne sont pas aussi belles que celles que les plantes donnent à la fin de ce mois et au commencement du mois de juin. Lorsque les susdites fleurs sont passées et que le plus grand nombre des bouquets vient à se développer, il faut couvrir les vitres d'en haut, à l'intérieur ou à l'extérieur de la serre, d'une légère couche d'eau de pluie ou de lait doux mêlé de craie. Cet enduit empêche les rayons solaires de tomber avec trop de force sur les fleurs. Il intercepte, il est vrai, l'action de la lumière, mais on préserve de cette façon, la pureté du coloris des corolles. On laisse ainsi s'achever la floraison, pendant tout le mois de juin ; c'est le matin que de préférence on a soin d'arroser les plantes. On leur donne de l'air, en ouvrant, pendant toute la journée et la nuit, les portes et les fenêtres, ainsi que par tous les moyens possibles de ventilation. On versera même dans la serre, aux jours des plus grandes chaleurs, et cela l'après-midi, plusieurs seaux d'eau pluviale, laquelle, en se séchant, ranimera les feuilles et donnera aux plantes un aspect de vigueur que l'on n'obtient pas toujours par les arrosements faits sur la terre des pots.

Certains amateurs-fleuristes font enlever les plantes de la serre, au milieu de leur floraison, pour les placer dans une jardinière, à l'effet d'orner un vestibule ou un salon, mais la vivacité du coloris se ternit promptement; en peu de jours, les pousses et les feuilles s'étiolent et perdent ainsi tout leur agrément extérieur.

D'autres en envoient pour figurer dans des salons d'expositions publiques, où il y a, en général, fort peu de lumière et moins d'air encore. Ces plantes, après quatre ou cinq jours d'absence, ne sont plus reconnaissables; elles reviennent dans un état de délabrement qui fait peine à voir. Elles ont quelquefois mérité un prix dont la valeur ne dépasse guère cinq francs, tandis qu'on a décerné une grande distinction à une seule plante qui ne vaut pas la 25e partie d'une collection de 50 *Pélargonium*, laquelle peut être évaluée à une somme dix fois plus élevée. Cette observation s'applique particulièrement à la Belgique, car nous savons qu'en France et en Allemagne les *Pélargonium* sont beaucoup plus estimés. Ils le sont encore davantage en Angleterre, où on leur décerne généralement une sorte de culte.

On y rencontre le *Pélargonium* dans les serres de presque toutes les familles nobles de premier rang ; elles ont assez généralement pour ces fleurs le goût le plus prononcé. De plus, les riches bourgeois et tous les horticulteurs le cultivent avec une attention toute spéciale. Aux expositions publiques de Londres, au *Regent's Parc*, à *Chiswick* et dans d'autres localités, on construit exprès des hangars à jour pour y recevoir les *Pélargonium*. Des horticulteurs et même de riches amateurs-fleuristes ne craignent pas d'y envoyer des plantes d'une dimension extraordinaire, car ils savent que la floraison de leurs beaux sujets ne peut éprouver, dans ces lieux, aucun détriment par la privation d'air, attendu qu'ils en reçoivent de tous les côtés. Aussi ces plantes obtiennent-elles les prix du premier rang et éclipsent-elles souvent, par l'éclat de leurs nombreuses fleurs, tous les autres genres de plantes envoyées à ces expositions publiques.

D'autres encore laissent leurs plantes fleurir au grand air, derrière une claie ou une haie vive. Cela est très-commode pour l'horticulteur, mais cette floraison est loin d'être aussi belle et aussi complète que celle qui a lieu dans la serre. Une averse ou de grands vents viennent assez souvent y détruire, au bout de quelques jours, toutes les fleurs qui avaient répandu tant d'éclat.

Les plantes, mises en pleine terre à la fin de mai

et fleurissant plus tard, ont quelquefois, si le temps est favorable, une belle floraison, mais il faut un grand emplacement pour faire cette plantation, et elle est d'ailleurs accompagnée de maints désagréments.

Revenons donc à nos plantes qui fleurissent si parfaitement dans la serre et où elles se plaisent infiniment mieux que partout ailleurs. C'est dans les serres que les principaux amateurs-fleuristes et les horticulteurs les plus intelligents placent d'ordinaire, aux mois de mai et de juin, leurs *Pélargonium,* pour en voir les fleurs et pour les admirer dans toute leur beauté. C'est dans ces agréables lieux, diversement appropriés, que nous avons vu, en Belgique, pendant ces dernières années, des collections de ces belles plantes, chez M. Jacob Makoy, à Liége, chez M. Louis Van Houtte, à Gand, chez M. Van Geert, près d'Anvers ; en France chez M. Salter, à Versailles, et à Paris chez M. Al. Chauvière. Ce dernier avait fait construire, depuis peu, à l'exemple de M. Madisson, à Wondelgem-lez-Gand, et de M. VanHoutte de cette ville, une serre particulièrement consacrée aux *Pélargonium.*

Nous en avons également admiré dans les serres des premiers établissements d'horticulture, aux environs de Londres, chez MM. Catleugh, Gains, Groom, Chandler, Henderson et autres. Chez Russel seulement, nous avons vu quelques jeunes plantes en fleurs cultivées en bâches placées dans la terre. Le jour, celles-ci étaient fermées d'en haut, mais il est à présumer, d'après la bonne tenue et l'abondance des fleurs de ces plantes, qu'elles étaient à découvert pendant toute la nuit. Comme c'était à la fin du mois d'août, il est probable que de cette manière, elles récupéraient, par la fraîcheur de l'air, et par la moiteur entretenue dans ces bâches, les forces qu'elles avaient perdues pendant le jour. Ces dernières plantes, bien que ce ne fussent que des variétés anciennes, avaient fort bien fleuri et présentaient une apparence de parfaite santé. Ce fait nous prouve, et c'est pour ce motif que nous le mentionnons ici, que dans une bâche on peut aussi cultiver le *Pélargonium,* et cela non sans beaucoup de succès. Cependant, comme on l'a déjà fait entendre plus haut, cette culture exige les plus grandes précautions.

SECTION XIII.

Fécondation artificielle des Pélargonium.

Vers la mi-juin jusqu'à la fin de ce mois, les fleurs arrivent à leur entier développement. La lumière a acquis toute son intensité et l'air a une température plus uniforme ; on n'a plus à craindre de grandes variations atmosphériques. La chaleur est plus égale que pendant la première quinzaine de juin. Au moment où la lune de ce mois touche à sa plénitude, lorsque, comme il arrive d'ordinaire, le temps vient à se fixer, l'instant favorable est arrivé pour procéder à la fécondation des *Pélargonium* : c'est le seul moyen d'obtenir des individus doués de qualités plus parfaites. On y procède sous l'influence d'une belle journée, quand le baromètre marque beau temps ou beau fixe. Il faut préparer un gradin tout spécial, pour y placer les plantes après qu'elles auront subi l'opération de la fécondation artificielle. On ne choisit pour cela que des plantes fortes, à croissance vigoureuse et raccourcie, aux pédoncules roides, aux bouquets abondants, aux fleurs grandes et bien faites. Les espèces ou variétés à fleurs blanchâtres doivent toujours être préférées.

Quand on a trouvé une plante réunissant toutes ces conditions et que les fleurs de cette plante viennent seulement de s'épanouir, soit dans la nuit, soit au matin, on la retire de la serre et on l'expose au soleil, ainsi que plusieurs autres choisies de même, en suivant toutes les indications données ci-dessus. On commence par ôter, au moyen d'une petite pince, toutes les anthères qui se trouvent autour du pistil. Cette opération doit se faire avant que la poussière fécondante soit devenue mûre par l'action des rayons solaires, et que les parois du pistil paraissent fluides. Si l'on remarquait que les pistils fussent déjà fécondés, on enlèverait la fleur toute entière. On couperait aussi toutes les fleurs qui ne seraient pas épanouies, ou bien on les laisserait pour être fécondées plus tard.

Après avoir terminé ces opérations préliminaires, on laisse ces plantes exposées au soleil pendant une ou deux heures. Par l'effet de la chaleur et de la sécheresse, les cicatrices légères que l'on a faites se trouvent promptement cautérisées, et il n'est pas à craindre que la séve s'en échappe ou produise de la pourriture. Ensuite, dans la serre, on recueille du pollen sur les fleurs qui, par la vivacité de leur coloris[1], paraissent devoir produire un mélange agréable avec la variété sur laquelle on se propose d'opérer. On pourra enlever ce pollen au moyen d'un petit bâton plat et on le placera sur une feuille de papier blanc. On s'approche de la plante dont on veut féconder les pistils : on place successivement, au moyen de ce petit bâton, des molécules de pollen sur les pistils qui paraissent à l'état fluide et sont susceptibles d'être fécondés. On continue cette opération de la même manière, et l'on a soin d'annoter successivement toutes les variétés qui ont subi l'opération. Les plantes ainsi fécondées sont laissées en plein air au moins pendant une heure ; puis on les rentre dans la serre et on les met à la place qui leur était destinée, dans l'isolement de toutes autres plantes, de manière qu'il y ait au moins un pouce d'espace entre les feuilles de chacune d'elles. Nous connaissons des horticulteurs qui laissent leurs plantes en état de fécondation exposées au grand air, sous l'influence de tous les changements atmosphériques; cependant, selon nous, il est bien préférable de les placer dans une serre, où la température est plus égale et où les variations de temps ne se font pas sentir d'une manière aussi directe sur les plantes. Si, par la suite, d'autres bouquets de fleurs s'épanouissaient sur une de ces plantes, il conviendrait de les fertiliser au moyen du pollen recueilli sur la même variété que celle dont les autres fleurs ont été fécondées. On procédera, à cette fin, de la même manière qu'il a été indiqué précédemment.

On doit adopter comme une règle fixe de ne faire à la plante fécondée, soit pour couper une bouture, soit pour en ôter un pédoncule de fleurs, aucune entaille ni blessure qui ne puisse être promptement cautérisée par l'effet des rayons solaires ou par la sécheresse extérieure.

On ne doit pas non plus arroser ces plantes surabondamment. Toutes ces causes plus ou moins nuisibles feraient avorter la fécondation, et l'opération n'aurait aucun résultat. Si, au contraire, elle a été bien faite, les graines se formeront promptement ; elles mûriront vers la fin de la première quinzaine de juillet.

Ces opérations ont été répétées par nous, successivement depuis plusieurs années. Les résultats obtenus nous ont mis dans la position de faire des observations très-curieuses sur l'effet que les couleurs différentes ou analogues produisent les unes sur les autres. Nous sommes à même de pouvoir recommander ces procédés à tous ceux qui ont le temps et la patience de les mettre à exécution. Ces observations ont été annotées avec un soin tout particulier ; nous sommes même sur la voie d'établir une théorie de coloration : c'est-à-dire, la manière de procéder pour obtenir, au moyen de certaines combinaisons, un coloris d'une telle ou telle nuance plus ou moins foncée. Nous publierons peut-être un jour cette théorie, quand de nouvelles expériences seront venues confirmer nos premières observations.

SECTION XIV.

Manière de recueillir les graines et de les semer.

Les graines commencent à mûrir quinze à vingt jours après la fécondation; on doit les cueillir à mesure qu'elles mûrissent. Celles qui sont à l'état de maturité, sont facilement reconnues à la couleur brunâtre perçant la capsule qui renferme chaque graine. Cette capsule de l'embryon se détache et se recourbe à la partie supérieure: alors elle se sépare tout le long de cette pointe élevée, imitant le bec de la cigogne; elle est en forme de spirale et a des ailes plumicules.

Lorsque la graine se présente dans cet état, il faut la cueillir le matin, car si on la laissait jusque dans l'après-midi, la grande chaleur du milieu du jour achèverait de la mûrir trop promptement; elle sauterait de la pellicule qui la retient et la plumicule spirale emportée par le vent l'enverrait bien loin.

Chaque graine recueillie le matin doit être mise dans un cornet de papier, sur lequel on a soin d'écrire le numéro de la plante qui l'a produite. Ce cornet est suspendu à sec dans la serre, et s'il est possible, le long des vitres latérales. Pour se-

9.

mer les graines recueillies le matin, on doit tout au plus attendre jusque vers le soir. On se sert de préférence de petits pots d'un pouce de diamètre, pour y placer les graines. On ne met qu'une seule graine dans chacun de ces petits pots; lorsqu'on en emploie de plus grands, par exemple, de 2 à 3 pouces de diamètre, on y dépose de 3 à 5 graines. A cet effet, on perce, au moyen d'un petit bâton à pointe aiguë, un trou dans la terre où l'on veut placer une graine. Chaque trou doit avoir un pouce de profondeur; on y laisse tomber la graine en ligne droite, en la tenant par la plumicule supérieure ; on la dirige ainsi à volonté.

La terre à laquelle on confie ces graines doit être très-légère. Voici comment nous conseillons de la composer : on prend deux quarts de terreau sec passé au fin, on mêle avec ce terreau 1/4 de sable blanc et 1/4 de terre de feuilles; on mélange le tout très-bien; on place plusieurs petits tessons au fond des pots que l'on remplit tout à fait de ce léger compost, sans le presser avec les doigts, mais en secouant seulement les pots; il faut aussi avoir soin d'égaliser un peu la surface.

On plante chaque graine, en la tenant, comme il a été déjà dit, par la capsule supérieure, et on la descend dans la terre à un 1/4 de pouce au-dessous de la surface de la terre du pot. En serrant les parois des petits trous où se trouvent les graines, on presse la terre jusqu'à ce qu'elle soit descendue à un 1/4 de pouce plus bas que l'orifice du pot. Ensuite on a soin d'écrire, sur une étiquette ou sur une petite planche de bois ou de zinc, le jour de la plantation, le nombre de graines plantées et surtout le numéro indiquant la variété qui a produit la graine ; ce numéro doit correspondre à celui dont la variété a servi à cette fécondation.

On humecte la terre des pots que l'on a réunis, au moyen de l'arrosoir spécial destiné à ces sortes d'arrosements. Ces pots sont emportés et ensuite mis dans une serre-bâche bien exposée au soleil du midi ; on les place le plus près possible des vitraux. On ferme cette serre pendant la nuit, mais le jour, il est prudent de laisser pénétrer de l'air, en ouvrant les portes et en soulevant les châssis.

Le lendemain matin, avant que le soleil ne donne sur la serre, on a soin d'humecter de nouveau et légèrement la superficie de la terre des pots. On continue d'effectuer le matin ces arrosements de la même manière, avant que le soleil ne luise sur la serre et immédiatement après qu'il a cessé de l'échauffer de ses rayons. En continuant cette opération pendant dix jours, on verra avec plaisir plusieurs pousses de graines soulever la terre et montrer les deux premières feuilles qui s'élèveront en deux jours à un pouce et demi de hauteur. Peu après, deux nouvelles pousses commenceront à se former et à se développer. Les graines se lèveront ainsi successivement : toutes celles qui ne seront pas fondues, soit par trop d'humidité, soit par trop de sécheresse, sortiront de terre dans l'espace de vingt jours au plus.

Nous savons fort bien que, pour éviter toutes ces peines, on sème aussi les graines en terrines et en bâches placées sur des couches; toutefois cette manière de procéder, outre qu'elle fait perdre un plus grand nombre de graines, ne fournit guère de sujets d'étude, comme la méthode que nous venons d'indiquer.

Nous ne croyons donc point qu'il soit nécessaire de nous y arrêter plus longtemps.

SECTION XV.

Soins ultérieurs à donner aux semis.

Aussitôt que les semis ont développé leurs quatre premières feuilles, on les place dans une position où l'action de l'air produise plus d'effet sur eux et les fortifie davantage. Quatre ou cinq jours après, on les repique dans une terre ayant plus de consistance que celle où l'on a planté les graines. On met chaque semis dans un pot de deux à trois pouces environ de diamètre, suivant la force du semis et la vigueur de ses racines. Après l'avoir repiqué de cette manière, on donne à chaque sujet un petit tuteur auquel on l'attache. Ensuite on le place dans la serre, sur les planches les plus rapprochées des vitres. Vers la fin du mois d'août, ces semis ont acquis de la consistance et l'on peut les porter en plein air et les placer sur des planches, dans une position où le soleil ne se fasse sentir que pendant certaines heures de la journée. Peu de jours après avoir éprouvé l'effet bienfaisant de l'air, ces semis ne sont plus aussi sensibles aux ardeurs du plein soleil. Si, avant le milieu de septembre, des semis déployaient plus de vigueur que d'autres, on pourrait les mettre dans de plus grands pots.

En les replantant, on conserve la motte intacte et on la place dans un plus grand vase, de manière qu'une couche de bonne terre se trouve autour des racines. On continue d'attacher aux tuteurs, avec précaution et par des liens souples, la tête des semis. Il est indispensable d'éloigner les chenilles qui sont très-friandes des feuilles de ces jeunes plantes. En mettant les pots sur des planches ou sur du gravier, on a soin de les espacer, afin que l'air puisse circuler tout autour et fasse sécher la terre. Par cette précaution, les arrosements pourront être faits plus fréquemment, car ce sont eux qui produisent le plus grand bien sur ces jeunes semis, pourvu qu'ils soient pratiqués, au moyen de la pomme d'arrosoir, pendant les grandes chaleurs, et sur les feuilles en même temps que sur la terre des pots.

Vers la fin de septembre, quand la température commence à baisser beaucoup, et qu'une pluie intense et continue persiste et occasionne des nuits froides, alors il est temps de rentrer les semis les plus délicats. Après avoir soigneusement lavé les pots et nettoyé la plante, on la rentre dans la serre-bâche exposée au soleil et l'on place la plante sur les gradins les plus rapprochés des vitres, là où elle se trouvait avant d'être repiquée.

On donne au jeune semis tout l'air possible, en l'abritant seulement contre la pluie et les premiers froids des nuits d'automne. On laisse le semis dans cette situation, pendant tout l'hiver, et l'on à la précaution de l'arroser avec la plus grande circonspection. Nous voulons dire qu'il faut laisser sécher très-bien la terre et attendre, pour l'arroser, que le beau temps fasse espérer dans la journée quelques rayons solaires. On évite aussi de laisser tomber la moindre goutte d'eau sur les jeunes feuilles qui ne se seraient point séchées dans la journée. On doit avoir soin de ne couper ni de retrancher aucune feuille, fût-elle même sèche. En effet, il pourrait souvent en résulter une pourriture qui, se communiquant au sujet même, le ferait périr insensiblement.

On fera un feu modéré dans le fourneau, pour empêcher les petites gelées de pénétrer dans la serre-bâche, mais s'il en survenait de plus intenses, nous conseillons l'emploi de couvertures en pailles bien serrées, à l'effet d'abriter pendant la nuit les jeunes plantes. A l'aide d'un feu légèrement entretenu, et de paillassons fort minces, on peut facilement empêcher les plus fortes gelées d'arriver jusqu'à ces semis. Les rayons solaires qui viennent tous les jours luire sur la serre-bâche, en hiver, contribuent, en grande partie, à donner aux jeunes plantes une santé prospère et vigoureuse. Par des soins continus et par un entretien de cette espèce, la perte, pendant un hiver, ne peut guère dépasser un vingtième. Ainsi, nous pouvons conseiller en toute confiance, l'emploi de ce procédé, mais nous parlerons encore, à une autre occasion, de la manière de chauffer les différents genres de serres destinées à fournir un abri aux *Pélargonium*.

Cependant, comme on en aura un si grand nombre, il n'est pas nécessaire de conserver tous les sujets provenant de graines : ce serait là se donner des peines et des embarras inutiles. Il faut anéantir, sans aucun regret, les plantes qui, après avoir été exposées à l'air et au soleil, montreraient, dans leurs pédoncules, des dispositions à devenir flasques, ou celles dont les pousses minces auraient de la tendance à filer ou à s'étioler. Plus tard, après que les semis auront été rentrés dans la serre, on fera de nouveau un examen attentif de ces plantes, et si, dans certains de ces individus, on remarquait les défectuosités préindiquées, on les sacrifierait aussi sans aucune hésitation.

On continuera ces épurations jusqu'au moment où, après l'hiver, on s'occupera de remettre les semis en plein air et de les réexposer au grand soleil. On doit remarquer encore ici qu'il vaut mieux placer ces semis en pots sur le sol même. Les racines, passant à travers le trou d'écoulement, se fixeront dans la terre et y chercheront l'humidité, les sels et la nourriture indispensable pour fortifier ces individus. Les plantes fixées ainsi ne se renverseront pas aussi facilement et auront rarement besoin d'être arrosées. Les semis qui fleuriront les premiers, seront en général les meilleurs. Ceux qui tarderaient à former leurs boutons, avant le 15 de juillet, seront dépotés de nouveau, et cette opération aura souvent pour résultat de faire produire des fleurs par un grand nombre de ces semis qui paraissaient avoir le moins de chances de réussir. Les plantes qui, du 15 au 20 août, ne produiraient pas de boutons de fleurs seront laissées de côté ; on en conservera seulement une bouture de chacune. Cette multiplication portera toutes les indications de la plante mère, afin que l'on puisse reconnaître, quand elle fleurira l'année suivante, de quelle espèce ou variété ces semis proviennent. En général, l'expérience prouve que les boutures faites au moyen de semis, fleurissent beaucoup mieux que les plantes mêmes dont elles sont provenues. On peut établir en fait que, sur 100 de ces boutons, il y en a 95 qui réussissent à fleurir. Aussi remarque-t-on souvent que les fleurs y sont plus belles que sur les semis.

Il faut observer aussi que les semis forment en général des racines plus nombreuses et plus grosses que les plantes provenant de boutures.

SECTION XVI.

Noms et qualifications des nouvelles variétés de Pélargonium.

Si, parmi les semis obtenus, une variété distincte vient à se montrer, il est naturellement convenable de la désigner par une dénomination particulière. Anciennement, les espèces et les variétés de *Pélargonium*, introduites en Europe, furent décrites et nommées par des botanistes érudits. Toutes ces dénominations et ces épithètes furent empruntées à la science et désignèrent une des qualités spéciales de l'individu. Cette manière de procéder à une nomenclature, fut constamment suivie dans la suite par les savants qui s'occupaient plus particulièrement d'écrits relatifs à l'horticulture et à la botanique en général. Plus tard, lorsque des variétés nouvelles furent obtenues de semis, par des jardiniers et des amateurs en général peu instruits, il arriva que ces derniers imposèrent aux plantes, suivant leur fantaisie, leur caprice ou leur goût, des noms arbitraires et insignifiants, pour ne pas dire ridicules et absurdes. Dans chaque pays, les horticulteurs ont inventé plusieurs de ces noms et de ces qualifications que la science est bien loin de pouvoir reconnaître et adopter. Ces noms figurent bien dans différents catalogues, mais il n'est guère à présumer qu'ils puissent jamais être admis dans des ouvrages réellement scientifiques.

Il en résultera nécessairement que certains

perfectionnements de variétés très-remarquables, loin de pouvoir passer à la postérité, seront, à une époque peu éloignée, ensevelis dans un profond oubli.

Nous pensons toutefois qu'il est loin d'être indifférent de laisser subsister des errements ou plutôt des abus de ce genre. Pour y remédier, autant que les circonstances le permettent encore aujourd'hui, et surtout pour prévenir toutes aberrations futures de cette espèce, il serait à désirer que chaque société d'horticulture et de botanique nommât dans son sein un comité spécial, chargé d'apprécier le mérite de toute variété nouvelle, obtenue dans le district de ses opérations. Il aviserait aux moyens les plus sûrs de donner à chaque sujet un nom et une épithète qui fussent en harmonie avec les qualités réelles ou apparentes de la variété récemment acquise. De cette manière, le nouveau sujet obtenu de semis, porterait par sa dénomination même, un cachet d'authenticité qui le ferait reconnaître et recevoir généralement par les différents cercles horticoles et par les amateurs les plus distingués, qui d'ordinaire en font partie.

En l'absence d'un semblable comité, il nous est arrivé plusieurs fois, pendant ces dernières années, de devoir assigner des noms à des nouveautés obtenues de semis. En suivant la mode, qui, malheureusement, paraît adoptée aujourd'hui, nous avons mis à contribution l'antiquité, la mythologie grecque et scandinave, l'histoire et même des noms propres plus ou moins célèbres aux diverses époques. D'autres fois, sous de meilleures inspirations, nous avons employé des qualifications latines, afin de désigner convenablement les qualités distinctives de plusieurs nouveaux *Pélargonium*.

C'est ainsi que nous avons appelé une variété : *radiatum carmineum*, une autre : *excelsum superbum* et une troisième : *roseum erectum*, noms qui représentent très-bien les jolies variétés connues sous ces trois désignations. Ensuite, nous avons dû avoir recours à des noms propres, par exemple : *Coriolan*, *Eucharis*, *Philippe le Bel*, *Luister van Brabant*, *Marnix*, *Princesse Léopoldine*, *Jenny-Colon*, et enfin à des noms et à des adjectifs qualificatifs flamands, tels que *Praelstuk* (objet d'apparat), *Glansryk* (riche en nuances), *Roosenkrans* (guirlande de roses), *Zonnestrael* (rayon solaire), *Steenrood* (rouge de brique). Ces dernières dénominations nous ont paru le mieux se rapprocher de la nomenclature des botanistes. En effet, ces noms indiquent avec précision, soit le mérite intrinsèque de la variété, soit les qualités que l'on y remarque facilement, soit même l'effet qu'elles peuvent produire sur nos sens. D'un autre côté, des nouveautés de cette espèce portent un cachet spécial, indiquant à l'instant même la localité où l'on a pu les obtenir. Cette manière de les nommer, en employant des termes difficiles pourtant à prononcer par nos confrères du Midi et de l'étranger en général, n'a guère soulevé jusques aujourd'hui d'objection sérieuse. Pour éviter à cet égard toute interprétation équivoque, nous avons toujours soin de faire accompagner les mots flamands de leur traduction littérale en langue française.

SECTION XVII.

Des résultats déjà obtenus et des progrès à espérer dans la culture des Pélargonium.

En examinant d'un côté, les espèces de *Pélargonium* introduites successivement dans nos climats, et dont les fleurs sont conservées dans les collections scientifiques, avec des indications sur la structure des plantes; en considérant d'un autre côté, les superbes variétés nouvelles obtenues de semis, on est tout étonné des améliorations notables que d'habiles horticulteurs ont fait subir à plusieurs de ces espèces. En effet, certaines d'entre elles avaient une structure délicate et grêle; les feuilles et les pédoncules des fleurs étaient flasques; les fleurs elles-mêmes étaient petites et les pétales étroits. Cependant le coloris de la fleur était vif, brillant et d'une pureté de tons remarquable. D'autres espèces avaient une structure forte, roide, épaisse, un beau feuillage, des pédoncules fermes, mais les fleurs n'étaient que petites, d'un lilas sale ou d'un rose rouge veiné. Que faire? Ni l'une ni l'autre de ces espèces ne méritait nos soins. Pourquoi fallait-il donc nous les apporter du Cap, pour nous les vendre à des prix si élevés? C'est ainsi que des amateurs ont dû s'exprimer, en voyant fleurir successivement les espèces ou les variétés nouvelles dont le commerce se voyait prétendûment enrichi d'année en année, il y a de cela environ un quart de siècle. Avant cette époque, on avait gagné déjà de semis une foule de *Pélargonium*, dont le commerce se trouvait pour ainsi dire encombré, s'il faut ajouter foi aux documents qui nous restent de ces temps-là. Miller nous cite un grand nombre de ces semis, qui avaient mérité, il y a environ cent ans, de recevoir un nom comme perfectionnement d'une espèce ou d'une variété plus ancienne. Vers la fin des guerres de l'Empire et quelques années plus tard, des horticulteurs s'appliquèrent avec une attention toute particulière, à semer des graines provenant de *Pélargonium*. Ensuite, ils eurent recours au procédé de la fécondation artificielle, et ce n'est que depuis ce moment, qu'ils sont parvenus à obtenir des succès de plus en plus satisfaisants. Le goût s'en étant répandu, s'épura d'année en année, et l'on parvint à formuler les règles suivant lesquelles les qualités d'un beau *Pélargonium* obtenu de semis, devaient être jugées, pour qu'il pût être admis dans une collection de premier choix. Ces règles se réduisent, selon nous, en dernière analyse, aux points suivants :

1° Il faut qu'un *Pélargonium* ait avant tout une croissance roide et raccourcie ;

2° Les pétioles des feuilles et des fleurs doivent être forts et courts ;

3° Les bouquets doivent être abondants ; chacun de 4, 5 à 7 fleurs ;

4° L'épanouissement des fleurs et la floraison des bouquets doivent être simultanés ;

5° Les bouquets doivent pouvoir se soutenir par leur propre force ;

6° Ils doivent s'élever au-dessus du feuillage de la plante ;

7° Les pétales doivent être suffisamment larges, afin de pouvoir se toucher en passant un peu les uns sur les autres, pour former un cercle régulier et sans insterstices ;

8° Les pétales, les inférieurs aussi bien que les supérieurs, à lobes développés, doivent être larges à leurs extrémités, sans dentelure ni ondulation. Ils ne peuvent présenter ni convexité, ni concavité dans la partie de la macule ; les bords des susdits pétales doivent être unis et se présenter en forme de coupe bien ouverte ;

9° Les corolles doivent avoir une couleur unie, délicate, franche et sans nervures ;

10° La gorge intérieure de la fleur doit être, soit d'un blanc pur de lait, soit d'un rose tendre, soit d'un pâle lilas uni, suivant la nuance plus ou moins foncée des corolles de la fleur ;

11° Les macules, toutes deux fort apparentes, doivent avoir une couleur foncée et être fort compactes ; il faut qu'elles soient larges et entourées d'une auréole brillante, qui fasse ressortir davantage la délicatesse du coloris. Cette condition, dans certains cas, n'est pas absolument nécessaire, mais elle ajoute beaucoup au mérite et à l'éclat de la variété;

12° Toutes ces qualités doivent être constantes et durables, sans aucun caractère d'altération;

13° Il faut de plus que les couleurs ne puissent s'effacer, soit par l'effet des rayons solaires, soit par toute autre cause;

Enfin 14° les fleurs doivent pouvoir se conserver dans un état de santé et de beauté, au moins une huitaine de jours.

Il y a encore plusieurs autres conditions requises, mais elles ne forment guère que des nuances de celles qui précèdent. Elles n'intéressent d'ailleurs que le praticien, et celui-ci les connaîtra par expérience, pourvu qu'il s'occupe d'une manière plus spéciale de cette culture. S'il n'en était pas ainsi, à quoi bon nous étendre là-dessus? nous ne serions pas compris.

Déjà plusieurs *Pélargonium* obtenus de semis en Angleterre, en Belgique et en France, réunissent, sinon toutes, au moins la plupart des qualités exposées plus haut. Ce sont les plus belles variétés que nous possédions jusqu'aujourd'hui. Ainsi, nous pourrions en jouir et nous en contenter pour le moment, en attendant que l'industrie, la patience de certains amateurs soigneux et attentifs, et de quelques horticulteurs persévérants, nous en aient produit qui réunissent toutes les conditions voulues. A ces nouveautés accomplies, sera naturellement réservé l'honneur de figurer dans les ouvrages scientifiques, pourvu que les semeurs aient le soin de leur faire donner des noms que puissent avouer les savants qui écrivent sur la botanique.

SECTION XVIII.

Manière de faire des boutures et de les soigner jusqu'au printemps.

Il serait imprudent de couper les tiges sur les plantes, avant d'avoir recueilli toutes les graines. On les ferait indubitablement avorter, en occasionnant des plaies à la plante. On ne peut donc commencer à tailler des boutures, qu'après que toute la récolte des graines est entièrement terminée. On ne prend, pour faire des boutures, que des tiges ayant 4 ou 5 pouces de long : on les coupe jusque dans les aisselles des feuilles. Les tiges qui portent des pédoncules de fleurs ne doivent pas être bouturées, parce que les pousses à bois produisent plus facilement des racines et forment ordinairement de plus beaux sujets. Elles valent aussi dans le commerce le double des autres tiges qu'on appelle *tiges à fleurs,* par opposition avec les autres pousses qui portent le nom de *tiges à bois*.

A mesure que l'on coupe ces dernières, ce qui se pratique dans le courant du mois d'août, et toujours dans l'après-midi, on place ces tiges sur une tablette, en ayant soin d'y marquer avec une étiquette, le numéro de la variété qui a mérité d'être reproduite. Lorsque toute la récolte est faite, on coupe chaque bouture horizontalement et à un centimètre plus bas que la quatrième ou cinquième feuille.

Une heure environ après que la taille horizontale aura été faite et que la blessure se sera un peu séchée, on procédera à la mise en pots de ces boutures. Ces pots auront la même grandeur que ceux dans lesquels on a repiqué les semis : c'est-à-dire de 2 à 3 pouces de diamètre en largeur et autant en profondeur. On placera deux, trois, quatre ou cinq boutures dans chaque pot.

Si l'on a des variétés précieuses, dont on n'ait que peu de multiplications, on place celles-ci dans de petits pots et séparément. Nous avons vu placer par certains horticulteurs, des boutures au nombre de 12 à 18 dans des pots de 5 à 7 pouces de diamètre; mais nous avons remarqué aussi qu'ils en perdaient beaucoup en suivant ce procédé. La perte en est encore plus grande, lorsqu'ils les placent dans une bâche, où ils s'exposent en outre à confondre les numéros des variétés, ce dont nous avons eu plusieurs preuves convaincantes depuis un certain nombre d'années. Toutefois, cette méthode de multiplier est plus facile à pratiquer que la première. En général, les boutures sont placées dans une terre très-légère, un peu plus forte cependant que celle où l'on a planté les graines dont nous avons parlé précédemment. Le terreau est rendu plus léger, comme nous l'avons déjà dit, par l'addition de sable et de terre de feuilles. Lorsque les boutures sont mises dans de grands pots, il importe de rendre la terre beaucoup plus légère que dans de petits pots, car elle s'y dessèche plus difficilement. Dans des bâches, même en bois, l'humidité s'évapore encore plus lentement. Il est donc indispensable de jeter dessus une couche d'un centimètre d'épaisseur de sable blanc, afin d'éviter la pourriture des feuilles et des tiges.

Il est à remarquer aussi que la terre dont on se sert, au commencement d'août, quand on place des boutures en petits pots, peut être plus forte que celle dont on fait usage à la fin de ce mois, car alors les chaleurs n'étant pas si intenses, cette terre ne sécherait plus aussi facilement. On doit de plus avoir égard à l'exposition que l'on peut donner aux racines. Tous ces détails d'applications s'apprennent aisément par la pratique.

Il importe cependant beaucoup de connaître les procédés en général. Nous les indiquons tels que nous les avons pratiqués depuis un grand nombre d'années, dans l'espoir et la confiance qu'ils pourront être utiles, surtout aux amateurs novices.

Ces boutures sont placées dans les trous que l'on a percés dans la terre des pots ou des bâches, à un pouce et demi de profondeur ; on les serre dans ces trous avec l'index et avec le pouce de la main droite et de la main gauche ; on égalise ensuite la terre qui se trouve à un tiers de pouce plus bas que l'orifice des pots. En même temps, on enfonce une étiquette le long des parois de ces mêmes pots. Cette étiquette doit encore indiquer le jour de la mise des boutures, le nombre et l'espèce de la variété. Ensuite, on porte les pots contenant chacun une, deux, trois, quatre ou cinq boutures, dans la serre-bâche, où ces pots tiennent une place analogue à celle qu'occupent les semis qui ont acquis deux à quatre feuilles, c'est-à-dire, sur les gradins les plus rapprochés des vitres du haut de cette serre-bâche.

On n'oubliera pas de les arroser chaque fois que la terre paraîtra sèche et cela après que le soleil aura cessé de luire sur la serre. En les soignant de cette manière, on verra qu'au bout de trois semaines environ, quelques-unes de ces boutures auront déjà formé des racines. Dès que toutes les boutures qui se trouvent dans un pot auront fait apparaître leurs racines, il sera temps de les repiquer, en plaçant une bouture seulement dans chaque pot, qui ne peut avoir tout au plus que deux à trois pouces de diamètre.

La terre que l'on donne aux boutures repiquées peut être aussi forte que celle où sont repiqués les semis. Cette terre peut même avoir des qualités plus nutritives. Ces boutures doivent être placées d'abord dans une serre, à l'abri de la pluie, pour assurer la reprise des racines, et jusqu'au moment où celles-ci viendront à tapisser les parois intérieures des pots, ce qui a lieu après une dixaine de jours. Ensuite, les boutures dont les racines auront repris, seront placées hors de la serre, en plein soleil, où on les laissera jusqu'au commencement du mois d'octobre. On les rentre alors dans la serre où on les place sur les tablettes les plus rapprochées de la lumière et de l'air extérieur. On laissera ces boutures dans cette position jusqu'au printemps suivant.

Nous ne nous occuperons pas ici de démontrer tout ce que l'ancienne manière de procéder a de défectueux ; le lecteur aura, nous osons l'espérer, assez de confiance dans les méthodes que nous lui indiquons comme les meilleures.

SECTION XIX.

Des autres modes de multiplier les Pélargonium.

La manière de multiplier par boutures le *Pélargonium,* de laquelle il a été fait mention plus haut, a lieu dans la dernière quinzaine du mois de juillet, pendant le mois d'août et la première moitié de septembre. Il existe encore un autre mode de multiplication du *Pélargonium :* c'est celui qui se pratique au printemps et au commencement de l'été. On s'y prépare dès le mois d'août de l'année précédente. Les plantes mères que l'on destine à cet usage, doivent être entretenues dans la plus grande vigueur, afin qu'elles puissent produire le plus de branches possibles. Pendant tout l'hiver, on donne à ces plantes une exposition fort bien aérée, pour continuer à entretenir convenablement la végétation. Vers la fin de février, au lieu de faire subir à ces sujets un complet dépotement, comme aux autres plantes, on les soumet seulement à un demi-rempotage, en les plaçant dans un pot un peu plus grand, afin de ranimer la vigueur de la plante. Par l'influence combinée de l'air et de la lumière, les pousses acquerront facilement de la consistance et deviendront propres à être découpées en boutures. Celles-ci devront être traitées dans une serre-bâche, où l'on aura soin d'entretenir une chaleur moite de 8 à 10 degrés de Réaumur. Ces sortes de boutures, si elles sont traitées ensuite avec tous les soins indiqués dans le cours de ce Traité, fourniront aisément, avant la fin de l'été, de très-beaux sujets qui pourront servir à en former des plantes mères pour l'année suivante.

Il y a encore un troisième moyen de multiplier les *Pélargonium* : ce mode, beaucoup moins ordinaire et fréquent, est celui de la greffe; il n'est guère en usage que pour des variétés recommandables sous tous les rapports, mais dont la structure n'est pas suffisamment vigoureuse. Il s'emploie encore pour des variétés rares et recherchées. Comme nous n'avons pas suivi ce procédé, nous devons nous abstenir de donner des indications précises à ce sujet. Cependant, si nous nous décidions à en faire usage, nous emploierions des plantes saines et fortes, qui auraient au moins deux ans. Nous donnerions toujours la préférence à des sujets provenant de graines, car ils ont ordinairement des racines plus fortes et plus abondantes.

Nous avons rencontré, dans une publication anglaise, un chapitre consacré à ce mode de multiplication. Les renseignements donnés dans cet article se réduisent à quelques préceptes dont nous présentons ici l'analyse. Après avoir formé un sujet vigoureux, qui a plusieurs branches latérales, on commence, vers la fin du mois de juin, à modérer les arrosements sur la plante, pour diminuer l'abondance de la séve. On retranche ensuite à peu près tout le jeune bois des branches du sujet et l'on n'y conserve tout au plus que le bois de l'année précédente, en laissant subsister un sicot du jeune bois, de la longueur de deux pouces environ. Deux jours après cette taille, lorsque l'écoulement de la séve commence à cesser, l'on se met à greffer par approche.

A cet effet, on pratique une entaille dans la branche du sujet, et l'on applique sur la plaie une greffe vigoureuse et un peu aoûtée, ayant deux ou trois pouces de longueur.

Il est bien entendu que la greffe doit être coupée en biais et d'une manière nette. Elle doit pouvoir couvrir des deux côtés et toucher par ses deux extrémités l'aubier du sujet greffé. Ensuite on lie la greffe au sujet par un lien de natte et l'on entoure la jointure de mousse qu'on lie également, mais sans la comprimer. Toutes les autres branches latérales sont traitées de la même manière. Puis on place la plante greffée dans une serre-bâche tempérée, que l'on a soin de couvrir de nattes pour préserver les plantes greffées des rayons solaires. En attendant, on aura soin d'entretenir la moiteur dans la mousse qui entoure la greffe. Quelques jours après, suivant la température, on commence à arroser la terre de la plante et dès que les greffes paraîtront complétement prises, on placera les sujets dans une serre aérée, afin que les greffes puissent s'y fortifier et les plantes reprendre ainsi leur vigueur et leur croissance ordinaires. On détachera successivement la mousse et la ligature, pour laisser aux greffes un peu de dégagement.

Toutefois, il est prudent de les préserver des coups de vent qui, par de fortes secousses, pourraient les détacher. Pour prévenir ces accidents, on a soin de lier ces jeunes branches à des tuteurs placés dans les pots.

Bien que nous ne puissions garantir l'exactitude de ces indications, nous les croyons cependant vraisemblables et, à la première occasion, nous ne ferons aucune difficulté de les suivre.

Quant à la multiplication par racines, nous la croyons entièrement abandonnée, au moins pour la propagation des espèces et des variétés de *Pélargonium* qui sont à la mode aujourd'hui ; nous ne nous y arrèterons donc pas.

SECTION XX.

De la taille des Pélargonium.

Revenons aux plantes mères qui exigent d'abord toute notre attention et tous nos soins, si nous voulons en former de beaux exemplaires pour la floraison de l'année suivante. Dépouillées des fleurs, des fruits et des tiges qu'elles avaient produits, ces plantes font apparaître, au bas des branches latérales, de nouvelles pousses qui s'annoncent dans les aisselles des vieilles feuilles qui n'en avaient pas donné jusqu'alors. On laisse sécher la terre des pots, afin de ralentir l'abondance de la séve, et l'on procède à la taille des plantes.

On se sert, pour cette taille, d'un couteau semblable à celui dont on fait usage pour tailler les arbres fruitiers palissés aux murs. On coupe à droite et à gauche, mais assez bas, les branches jusqu'aux endroits où l'on remarque que ces nouvelles pousses se sont déclarées. On destine trois ou quatre de ces pousses à chaque branche latérale du sujet, pour former une nouvelle tête plus largement développée que celle de l'année actuelle. Après la taille, on laisse la terre des pots encore sèche pendant deux ou trois jours, pour diminuer l'abondance de la séve, jusqu'à ce que les plaies se soient suffisamment séchées et cicatrisées.

On continue ensuite les arrosements avec plus de précaution. S'il survient de grandes chaleurs, on pourra, le soir ou le matin, arroser au moyen de la pomme de l'arrosoir, non-seulement la terre des pots, mais encore les jeunes pousses des plantes mères. Ces sortes d'arrosements donnent toujours, lorsqu'ils sont faits à propos, une nouvelle vigueur à la végétation. Ils contribuent à faire augmenter la séve et à procurer à l'aubier une plus grande élasticité. Dès que ces plantes auront poussé, sur leurs branches, des jets de cinq à six feuilles bien développés, il sera temps, si l'on veut réduire les plantes et en avoir des sujets moins vigoureux, de les replanter dans des pots d'une moindre dimension, soit par un demi-rempotage, soit par un second.

Si, au contraire, on veut avoir des modèles d'un grand développement, on doit les placer naturellement dans un plus grand pot.

Si, en troisième lieu, les pots dans lesquels les plantes sont mises, paraissent convenir pour la grandeur et pour la force, on peut sortir ces plantes sans les replanter, ni sans leur faire subir un demi-rempotage et les mettre à l'air : c'est la deuxième sortie dont il a déjà été question; mais occupons-nous d'abord du second rempotage.

SECTION XXI.

Du second rempotage.

Ce second rempotage a lieu après qu'on a fait subir aux *Pélargonium* l'opération de la taille, et lorsque ceux-ci ont repoussé de forts jets raccourcis. Les plantes ainsi rempotées, sont tenues une dixaine de jours dans la serre, afin d'assurer la reprise des racines. Cette opération a lieu particulièrement pour empêcher les plantes vigoureuses de jeter de trop larges pousses : ce qui nécessiterait une seconde taille, vers la fin de la première quinzaine de septembre. On doit éviter cette seconde taille, parce que les tiges que produira la plante vers la fin de septembre, ne sont jamais aussi épaisses ni aussi vigoureuses que celles du mois d'août. Elles ne porteront pas non plus, l'année suivante, d'aussi gros bouquets de fleurs. Ce second rempotage force les plantes à ralentir leur végétation, et les oblige ainsi à épaissir leurs pousses.

Toutes ces conditions sont très-favorables aux grands exemplaires destinés à fleurir dans tout leur éclat, l'année suivante. Le coloris des fleurs sera d'autant plus brillant, que l'action solaire se sera fait sentir davantage sur ces pousses, dans le courant du mois d'août et de septembre de l'année précédente.

Nous ne parlerons qu'en passant, du demi-rempotage, qui consiste à détacher légèrement une partie des racines de la motte et à ôter une certaine quantité de terre de la superficie et de la partie inférieure de cette motte. Cette terre sera remplacée par un terreau frais et substantiel. Le demi-rempotage convient beaucoup aux boutures qui doivent être dépotées au printemps, vers la fin du mois d'avril. Il convient également aux boutures qui ont été faites de bonne heure, à la fin du mois de juin, et dont on veut obtenir de grands sujets pour l'année suivante. On les remet successivement dans des pots plus larges, en leur donnant chaque fois, une terre tant soit peu plus forte et plus nutritive. On continue ainsi ces demi-rempotages, de 15 en 15 jours, jusqu'à la fin du mois d'août. Les sujets traités de cette manière, doivent être conservés dans la serre et placés dans l'endroit le plus favorable, c'est-à-dire, le plus haut possible et le plus près des vitres. Aux premiers jours de septembre, on sort ces plantes de la serre et on les place à l'air, exposées au grand soleil, où elles acquièrent une nouvelle vigueur et plus de consistance dans les branches comme dans les tiges. Par l'effet de l'air extérieur et des rayons solaires, les pousses s'arrêteront et développeront des bourgeons latéraux; les feuilles deviendront plus roides et plus fortes et tout l'ensemble de la plante présentera une plus belle tenue et un aspect plus agréable.

SECTION XXII.

Deuxième sortie des plantes.

La seconde sortie des *Pélargonium* a lieu vers la fin du mois d'août. On commence par les plantes qui n'ont pas subi de second rempotage; on continue par celles qui ont eu successivement deux ou trois demi-rempotages, et enfin, on fait sortir celles qui ont été une deuxième ou une troisième fois dépotées. On devra avoir eu soin, chaque fois, de les placer dans un pot ayant un pouce d'espace tout autour de la motte, et s'assurer qu'elles ont opéré la reprise de leurs racines. Celles-ci ont dû se montrer autour de leur nouvelle motte: c'est ce que l'on remarque aisément, à la vigueur que déploient ces plantes.

En sortant successivement ces sujets, on y attache de nouveaux tuteurs qu'ils doivent conserver jusqu'au printemps prochain. On vérifie si rien n'est dérangé à la marque distinctive de l'espèce ou de la variété que porte chaque *Pélargonium*. S'il survenait de fortes chaleurs, immédiatement après cette sortie, on aurait soin d'arroser, toujours le matin, la terre des pots, et le soir les feuilles seulement.

Si, vers le 10 ou le 15 de septembre, ces chaleurs avaient fait développer d'autres pousses que celles que l'on désire conserver comme pousses principales, on couperait radicalement ces jets, et l'on en ferait des boutures, si toutefois la variéte en valait la peine.

Les blessures qui sont faites vers cette époque de l'année, se cicatrisent encore assez bien, et les boutures ont le temps nécessaire pour produire des racines. Si l'on attendait une dixaine de jours plus tard, il n'en serait certes plus de même, à moins d'avoir une serre-bâche, où l'on puisse faire un feu convenable. Cependant ces sortes de boutures tardives ne valent pas à beaucoup près celles qui sont faites dans une saison opportune.

De toutes les plantes que nous connaissons, le *Pélargonium* est celle qui est le plus sensible à la plus légère altération dans la séve. Le seul moyen de conserver le coloris et les formes des fleurs, c'est de traiter les plantes sans en forcer la séve, et en laissant produire à celles-ci leur développement naturel.

On se plaint souvent de ne pas avoir reçu les variétés nouvelles, telles qu'elles sont décrites dans les catalogues des jardiniers, ou dans les revues d'horticulture; on comprendra facilement, par ce qui précède, à quelles causes il faut attribuer ce fâcheux résultat.

SECTION XXIII.

Seconde rentrée des Pélargonium.

Du commencement au milieu du mois d'octobre, alors que les gelées blanches ou les nuits humides affecteraient les *Pélargonium* les plus délicats, il est temps de rentrer ceux-ci dans la serre. On les y place dans une position très-favorable, comme on l'a expliqué précédemment dans une section spéciale. Il est également inutile de répéter qu'avant la seconde rentrée, il faut faire laver les pots, en ôter la mousse, les feuilles sèches et nettoyer entièrement et soigneusement les plantes.

On met sur le théâtre placé au milieu de la serre les plantes les plus vigoureuses. Elles doivent être espacées de manière que les feuilles ne puissent se toucher. On les laissera dans cette position, jusqu'au printemps suivant. On continuera ensuite la série des opérations préindiquées. Si l'un ou l'autre amateur-fleuriste ou horticulteur les pratique littéralement, ayant assez de confiance dans les indications qu'une longue expérience nous a fournies, il apprendra, en les mettant en œuvre, ce qu'il faut y ajouter ou ce qu'on doit en retrancher, dans les circonstances particulières où chacun pourrait se trouver.

Nous aimons à croire qu'ils nous sauront gré de leur avoir indiqué consciencieusement ce que l'on ne peut apprendre exactement que par une pratique et par une observation attentives et habituelles. Nous allons passer à un sujet d'un assez grand intérêt, et qui forme le complément des chapitres consacrés à la culture des *Pélargonium :* c'est-à-dire, au mode le plus rationnel de chauffer les serres qui renferment ces plantes, pendant la saison rigoureuse.

SECTION XXIV.

Manière d'entretenir une chaleur convenable dans les serres de Pélargonium pendant l'hiver.

Dès que l'on rentre les *Pélargonium* dans les serres, on doit en tenir les portes et les fenêtres ouvertes, afin que l'air extérieur puisse y pénétrer de tous côtés. Cette précaution est indispensable pour empêcher les fortes pousses de s'étioler, par une privation subite de la quantité d'air nécessaire à leur nourriture et à leur entretien. On continuera d'ouvrir les fenêtres et les portes des serres, pendant le jour, aussi longtemps que le thermomètre de Réaumur marquera plus de 3 degrés de chaleur. On les laissera même ouvertes pendant la nuit à l'époque de la mousson d'automne, ou lorsque, par un vent du sud, le thermomètre marquera plus de 5 degrés de chaleur. Si, vers la fin d'octobre ou dans le courant du mois de novembre, il survenait dans nos climats une gelée blanche qui ne ferait baisser le thermomètre qu'à un ou deux degrés au-dessous de zéro, nous croyons qu'il serait utile d'allumer le feu des fourneaux, afin de conserver la température à l'intérieur de la serre jusqu'à 3 ou 4 degrés tout au plus. Ce feu aura d'abord pour effet, de faire disparaître la moiteur qui se trouve, vers cette époque de l'année, assez souvent sur les feuilles, sur les tiges et à la motte des racines. Ensuite, la sécheresse qui en est la conséquence, donne peu de prise à la gelée, dont l'effet ne peut exercer aucune influence fâcheuse sur la verdure et sur les tiges des *Pélargonium*. Le feu est, dans ces cas, allumé le soir assez tard, lorsque la gelée s'est prononcée. Bientôt après on cesse d'entretenir le feu, de manière qu'au lever du soleil, la température intérieure de la serre soit à peu près en harmonie avec celle de l'extérieur. Le matin, on verra que les vitres sont gelées et que le froid menace d'envahir l'intérieur. On ne doit en concevoir aucune inquiétude pour les *Pélargonium*, car il vaut beaucoup mieux pour les plantes d'avoir été légèrement atteintes par la gelée que d'avoir éprouvé une trop forte chaleur artificielle. Les rayons solaires, qui ne tarderont pas à venir chauffer légèrement les serres, feront promptement disparaître la moindre atteinte de froidure.

Ordinairement ces gelées précoces sont accompagnées de jours d'un beau soleil. S'il n'en était pas ainsi, on ferait de nouveau un feu très-léger et seulement dans le dessein de combattre le grand froid et de l'empêcher de pénétrer dans les serres.

Aussitôt que ces sortes de gelées cessent, on s'empresse encore d'ouvrir les portes et les fenêtres des serres, afin de mettre les plantes en contact avec l'air extérieur qui leur procure toujours, à moins d'être amené par un vent d'est, du nord ou du nord-nord-ouest, un bien-être immédiat. Si la gelée reprend dans le mois de décembre, on a d'abord soin d'arroser les plantes dont la terre est sèche et ensuite on allume le feu. On chauffe encore avec la plus grande précaution et seulement dans le but d'écarter de la serre si la gelée imminente. Lorsque, vers la fin de décembre ou le commencement de janvier, ces gelées deviennent intenses ou durent pendant plusieurs jours, de manière qu'il devient difficile d'entretenir modérément la chaleur à l'intérieur des serres, nous conseillons de couvrir de nattes les vitres supérieures et latérales de la serre. Ces couvertures priveront, pour quelques jours, les plantes de l'air et de la lumière si nécessaires, mais en revanche, on ne sera obligé que de faire un petit feu qui n'exigera pas d'arrosements trop fréquents. On doit remarquer que cette humidité et la chaleur artificielle entretenue dans la serre réveilleraient la séve stagnante et forceraient les tiges à s'étioler : c'est ce qu'il faut éviter à tout prix, si l'on veut conserver des plantes intactes, dans un état de santé qui promette de récompenser l'horticulteur de toutes ses peines. Les plantes souffriront sans doute de cet état de gêne où elles se trouvent; cependant, on ne verra que les vieilles feuilles jaunir et sécher; on les enlèvera successivement et, au premier beau jour, quand les grandes gelées auront cessé, on se hâtera de nouveau de rendre aux plantes, un peu souffrantes encore, leurs éléments réparateurs : la lumière et l'air, autant que le permettra l'atmosphère extérieure. Dans ces moments, on doit surtout les préserver de l'effet des vents du nord, du nord-est et du *hâle* qui se fait sentir de la manière la plus nuisible vers cette époque de l'année.

La gelée reprend assez souvent avec une certaine intensité, mais elle ne dure ordinairement dans nos climats que 4 à 5 jours, et même deux jours seulement, vers l'époque de la pleine lune de janvier, février et mars. On emploie alors les moyens indiqués ci-dessus. Cette méthode se pratique à l'égard des grandes plantes et des boutures. Quant aux semis, ils ne souffrent ordinairement pas une si longue privation de l'air et de la lumière, aussi ces plantes délicates exigent-elles deux à trois degrés de chaleur de plus que les *Pélargonium* préindiqués. C'est pour cette raison qu'il serait à désirer que l'on consacrât une serre spéciale pour y cultiver des *Pélargonium* provenant de semis. On pourrait y donner à ces sortes de plantes les soins qu'exigent les individus de forces différentes. Ce serait le moyen le plus sûr de les conserver pendant l'hiver et de les amener presque tous à produire leurs bouquets de fleurs dans le cours de l'été suivant. C'est là le désir de l'horticulteur, et c'est vers ce but que doivent tendre tous ses efforts.

SECTION XXV.

Du mode de chauffage.

Dans certaines localités, où le charbon de terre n'est pas encore assez généralement en usage, on est obligé de se servir de bois ou de tourbe pour chauffer les fourneaux des serres. Mais, depuis quelques années, la première espèce de combustible est plus généralement employée par suite de la facilité des communications qui ont été établies. Autrefois, on faisait construire un fourneau en briquettes, auquel on adaptait une série de tuyaux en terre cuite, établis dans l'intérieur des serres, pour conduire tout autour la chaleur de la fumée et pour entretenir dans toutes les parties de la serre un même degré de température. Comme, assez souvent, la fumée s'échappait par les jointures de ces tuyaux, on a remplacé ceux-ci par des conduits de grands carreaux de huit pouces carrés. Ces conduits étaient construits à côté du mur antérieur de la serre et présentaient une position ascendante suffisamment élevé pour permettre à la fumée de s'élever successivement et de s'en échapper au bout, par une espèce de cheminée. Depuis quelques années, de nouveaux appareils ont été inventés pour chauffer l'intérieur des serres. On se sert maintenant, au lieu de la fumée du feu, de l'eau plus ou moins chauffée, ou des vapeurs qui circulent dans des tuyaux de zinc ou de cuivre.

La chaleur modérée, produite par la vapeur ou par l'eau chaude, qui circule dans les susdits tuyaux, est à nos yeux le mode de chauffage le plus salutaire aux plantes en général et plus particulièrement aux *Pélargonium*. Il existe plusieurs modes de construire et d'adapter ces genres d'appareils. Nous en avons essayé et adopté un de cette espèce et il se trouve établi, depuis deux ans, dans une de nos serres. Afin de mieux tirer parti de ce nouveau mode de chauffage, nous avons établi notre appareil, de telle manière que nous pouvons utiliser toute la chaleur produite par le feu du fourneau. Le foyer a une largeur de 0^m, 35 centim., et une élévation de 0^m, 40 centim. Au-dessus du fourneau se trouve établie une chaudière en cuivre de forme circulaire, afin de recevoir la chaleur du foyer sur toute sa longueur, qui est de 0^m, 70 centimètres. La chaudière, en forme de cercle et aplatie, ne contient qu'environ 30 à 35 litres d'eau.

Dans la partie supérieure, il y a deux ouvertures auxquelles sont attachés et soudés des tuyaux en zinc de deux pouces et demi de diamètre. Le tuyau supérieur, qui reçoit le liquide par un réservoir élevé de cinq pieds au-dessus de la chaudière, est placé un peu de côté, et a un embranchement de tuyaux qui se présentent avec une pente légère, tout le long de la tablette du mur antérieur de la serre; au bout et au-dessous de cette tablette, les tuyaux descendent en pente douce et vont déverser les eaux dans la chaudière. Pour éviter que ces tuyaux se fendent par la trop grande dilatation du liquide, on pratique un petit tuyau d'aération vers le milieu du prolongement des tubes. Ce petit tuyau a un conduit au dehors de la serre, pour pouvoir rejeter au besoin des bouffées d'eau chaude, lorsque, comme il arrive quelquefois, on est obligé d'entretenir un feu très-ardent. Toutefois, on a rarement besoin d'y avoir recours, avec un mode de chauffage combiné comme celui que nous avons établi. En effet, indépendamment de l'eau bouillante, nous avons encore conservé ces tuyaux en carreaux dans notre serre aux *Pélargonium*. Nous l'avons fait dans l'intention de ne rien perdre de la chaleur du foyer. Voici comment ces tuyaux sont construits : au bout du fourneau se trouvent adaptés les conduits de carreaux sur un prolongement de 16 mètres; ce conduit qui n'a à peine que 8 à 9 centimètres d'élévation sur cette étendue, est ramené à côté de lui-même, de manière qu'il y ait deux conduits parallèles. Il remonte ensuite dans la cheminée qui est au-dessus du fourneau. A une distance de 0m, 70 centimètres de celui-ci, il est pratiqué une communication entre les deux conduits que l'on ouvre ou ferme à volonté, au moyen d'une clef.

Cette communication a pour objet de laisser échapper la fumée, lorsque l'on allume le feu dans le fourneau ou quand on veut le ranimer. Dès que, vers la nuit, le feu est fait et couvert, on ferme cette clef de communication, et alors la flamme doit nécessairement parcourir toute la longueur des conduits parallèles. Il en résulte d'abord une chaleur uniforme pendant toute la nuit, et ensuite ce feu, se ralentissant ainsi, dure plus longtemps que si la fumée ou la flamme montait immédiatement dans une cheminée. Il y a donc économie de temps, de combustible et une chaleur plus égale et plus uniforme. En outre, la chaleur des conduits, si propre à sécher, paralyse en quelque sorte celle qui est produite par la chaleur moite des tuyaux d'eau chaude.

Comme on a rarement besoin d'une grande chaleur, la chaudière et les tuyaux en zinc ne sont point exposés à se fendre. L'eau ne s'évapore pas autant et l'on n'est pas forcé de la renouveler tous les jours, ce qui occasionnerait un refroidissement dans les tuyaux et dans la chaudière. En effet, il est prudent de n'ajouter de l'eau à celle des tuyaux qu'avant d'allumer le feu du foyer, si l'on ne veut exposer les parties de l'appareil à se casser ou au moins à se détériorer.

A l'appui de ces indications, nous ajouterons des détails sur le coût d'un semblable appareil. La chaudière en cuivre, contenant trois seaux d'eau environ, revient à 45 francs; les tuyaux en zinc, à un demi-franc le pied, ont coûté 57 fr. 50 c. Le robinet, au bas de la chaudière, destiné à retirer, en été, l'eau qui s'y trouve, est du prix de 6 fr. Le placement de l'appareil et la fourniture des crochets en fer pour soutenir les planchettes sur lesquelles reposent, le long des murs antérieurs, les tuyaux en zinc, reviennent à 7 fr. 50 c.

Nous avons appelé l'attention de plusieurs personnes sur cet appareil mixte, destiné à chauffer les serres, et nous avons obtenu généralement l'approbation de celles qui s'y entendent le mieux. En conséquence nous pouvons le recommander aux personnes qui se trouveraient dans le cas de changer le mode de chauffage établi dans leurs serres ou d'en construire de nouvelles.

ÉPILOGUE.

Dans la préface de cette Monographie des *Pélargonium*, nous avons exposé le motif qui nous avait engagé à écrire sur ce sujet. Dans l'introduction historique, nous avons séparé le *Pélargonium* des autres genres de plantes appartenant aux géranéacées. Nous y avons inséré un tableau descriptif avec le classement des différentes espèces appartenant à la riche famille des *Pélargonium*.

Les indications bibliographiques, qui font connaître les ouvrages traitant de ce genre de plantes. ont été répétées dans un chapitre spécial, pour être mieux présentées dans leur ensemble. Les descriptions des différentes serres propres à la culture du *Pélargonium*, auront sans doute contribué à faire comprendre l'application des notes développées dans les chapitres suivants.

Nous n'ignorons pas que plusieurs praticiens sont en désaccord avec nous, sur certains points assez importants et relatifs à la manière de traiter le *Pélargonium*, pendant toute une année. Cela dépend, en grande partie, de la position ou du climat où l'on se trouve. C'est pour cette raison que, dans l'application de certaines théories, on ne doit jamais perdre de vue cette considération, si l'on veut éviter une suite de contrariétés et de désagréments.

Ainsi, nous n'avons pas voulu commencer une discussion sur ces différents points : ce serait perdre notre temps sans aucune utilité réelle. Nous savons, du reste, que ces différents modes de culture ont donné des résultats satisfaisants dans plusieurs localités.

Avant de terminer cet épilogue, nous ajouterons que nous avons évité de donner des détails trop circonstanciés sur chacune des manipulations du *Pélargonium.*

D'abord, nous ne voulons pas fatiguer l'attention du lecteur, et puis nous savons par expérience que les autres détails peuvent s'apprendre facilement par la pratique.

Dans le cours de ce Traité, nous avons répété plusieurs fois certaines idées qui se trouvaient également reproduites dans cinq ou six endroits des matériaux que nous avions rassemblés pour notre ouvrage. Comme ces mêmes idées avaient fait sur nous la plus grande et la plus vive impression, nous avons cru qu'il ne serait peut-être pas inutile de les laisser subsister, avec une sorte de répétition, croyant que pour ce même motif, elles pourraient ainsi réveiller l'attention du lecteur. En effet, on ne peut répéter trop souvent qu'un genre d'arbrisseau, capable de prendre en peu de temps un si grand développement, doit être replanté chaque année au printemps, dès que la végétation commence à se développer. On comprend facilement que ce dépotement doit avoir lieu dans une espèce de terre nourrissante et légère : nourrissante, pour entretenir une végétation vigoureuse, et légère pour permettre aux eaux pluviales et à celles des arrosements de traverser facilement la motte de la terre.

Aussi avons-nous dit, dans plus d'un passage, que le *Pélargonium* a besoin d'une grande quantité d'air et de lumière, pendant toute l'année ; que cette plante exige des arrosements abondants sur le feuillage, aussitôt que les premières chaleurs du printemps se font sentir, et permettent à la végétation de prendre son essor naturel. Nous avons encore répété que l'influence du grand air sur les plantes, avant leur floraison, en ralentissant la végétation, prépare de plus beaux bouquets de fleurs, et que la réexposition des plantes au grand air, peu de temps après cette floraison, contribue à donner aux *Pélargonium* une superbe croissance, capable de produire, l'année suivante, une floraison magnifique, digne récompense de tous nos soins et de toutes nos peines.

Comme nous l'avons fait entendre dans la préface, nous aurions désiré, malgré les vives instances qu'on nous a faites de différents côtés, remettre à l'année prochaine la publication de notre Traité de la culture du *Pélargonium*, afin de le rendre plus complet et plus utile aux personnes auxquelles il est destiné.

En relisant notre opuscule, nous avons reconnu que plusieurs détails assez intéressants ont été involontairement omis par nous dans quelques sections. Nous n'avons pas pu cependant les y introduire, parce que d'un côté ils ne se seraient pas trouvés convenablement classés et que, d'un autre côté, le temps nous manquait pour les mettre en ordre et pour en soigner la rédaction. Aussi nous ferons-nous un devoir et un plaisir de donner aux amateurs, avec lesquels nous entretenons des relations, tous les renseignements que nous serions à même de leur procurer et qu'ils pourraient désirer de nous sur diverses manipulations relatives à l'art de cultiver les *Pélargonium*. Nous espérons, le plus souvent, pour fournir ces explications, pouvoir recourir, comme nous l'avons déjà fait plus d'une fois, à l'obligeance et au zèle éclairé de M. Audot, éditeur de la *Revue Horticole* de Paris.

FIN.

TABLE.

—

FIN DE LA TABLE.

Cabinets l'é[illegible]
rue Platinethys 3[illegible]
Près du marché
au beurre

www.ingramcontent.com/pod-product-compliance
Ingram Content Group UK Ltd.
Pitfield, Milton Keynes, MK11 3LW, UK
UKHW020316250726
13967UKWH00004B/1750

9 782013 062480